内心强大 方能淡定优雅

王 敏◎编著

国家一级出版社 中国纺织出版社 全国百佳图书出版单位

内 容 提 要

女人，并不等于软弱。学会强大起来，学会独立自主地生活，学会为自己遮风挡雨，快乐与幸福就会在自己身边。

本书详细阐述了女人修炼强大内心的诸多因素，告诉女人“只有内心强大，生命才会增添色彩”，这是一本不可或缺的陪伴内心柔弱女人的枕边书！

图书在版编目（CIP）数据

内心强大方能淡定优雅／王敏编著.--北京：中国纺织出版社，2018.3（2018.9重印）
ISBN 978-7-5180-4716-1

Ⅰ.①内… Ⅱ.①王… Ⅲ.①个人—修养—通俗读物 Ⅳ.①B825-49

中国版本图书馆CIP数据核字（2018）第023766号

责任编辑：闫　星　　特约编辑：李　杨　　责任印制：储志伟

中国纺织出版社出版发行
地址：北京市朝阳区百子湾东里A407号楼　邮政编码：100124
销售电话：010—67004422　传真：010—87155801
http：//www.c-textilep.com
E-mail：faxing@c-textilep.com
中国纺织出版社天猫旗舰店
官方微博http：//weibo.com/2119887771
三河市延风印装有限公司印刷　　各地新华书店经销
2018年3月第1版　2018年9月第2次印刷
开本：710×1000　1/16　印张：14
字数：212千字　定价：36.80元

前言

人们对女人的看法，早在一千多年前，孔子就说过："唯女子与小人难养也。"意思是，女人就跟小孩子一样，过于宠溺她会恃宠而骄，不理她又会心生怨气。英国大诗人济慈也对女人不屑一顾："女人都像小孩子，我宁愿给她们每人一颗糖果，也不愿把时间花在她们身上。"最有名的一句话还是来自莎士比亚："软弱，你的名字叫女人。"这些颇有真知灼见的名人对女人的定义仅为"柔弱"，更别说常人对女人的评价了。

确实，女人天性大多柔情似水，外表看起来柔柔弱弱，一旦被伤害就会躲在角落里哭泣。多愁善感，动不动就撒娇，这些都成为常人对女人一贯的印象。但事实上，女人只是外表看起来柔弱，大部分女人的韧性比男人更强，脆弱只是她们在某个时段的表现而已。柔弱或强大，大都源于自己内心的选择。

太过柔弱的女人，总令人受不了。她们害怕面对外面的世界，如温室里的花朵，容易忽视自己的价值，太想依靠身边的人。她们为了爱情可以不要工作，因为无力面对尘世间的风雨，总渴望别人为自己搭建一座遮风挡雨的家。她们根本不懂得，女人应该有自己的自尊，也需要具备独自生活的能力。

内心强大的女人过着截然不同的生活，美丽、大方、独立、自主，她们常常有善解人意的一面，也有事业中独当一面的魅力。独立是她们的个性标签，不能过分依赖别人，因为她们懂得，只有自己足够独立，才能赢得别人的尊重；也只有自己强大了，才能够在未来的人生路途中披荆斩棘。

现代社会，女人也顶半边天，越来越多的女人走出家门驰骋于职场，展现着女性别样的坚韧魅力。女人，要学会独立且强大，在任何时候，都要有一份喜欢的工作，因为女人的价值并不仅是体现在相夫教子这件事上，而更多的应该像男人一样去努力拼搏。毕竟，爱情和婚姻并不是人生的全部，当情感受伤的时候，唯有事业带来的踏实感可以慰藉心灵。而且，比起娇滴滴的柔弱女人，男人更欣赏内心强大的女人。

女人要学着自己强大，这并不意味着女人不再温柔，而是多了一份坚韧。这样，哪怕只有自己一个人，内心强大的女人一样可以活得精彩、活得幸福！

编著者

2017 年 7 月

目 录

第 1 章
女人不要柔弱，要做受人关注的角色

未来的世界，是强者的世界，女人可以有杨柳一般柔弱的外形，但心态上却不能也是这般柔弱。好东西都是靠竞争获取的，女人要做现实生活的积极参与者，而不是做“看客”和“观众”。

很多女人都有做事被动的缺点，不愿“往前排站”，这会使她们失去很多本来属于自己的东西。女人如果想在自己的生活中获得更大的收益，就应该大大方方地亮出自己来，让那些可能影响你命运的人发现你、赏识你，从而改变自己命运的走向。

练就一技之长，让生活精彩起来

有句话叫作“长得漂亮不如活得漂亮”，的确，女人出身可以很普通，相貌可以很平常，但是绝不能让自己活得很平淡。

现代社会，满眼所见都是聪明人，都是修饰得体的淑女，如何在人群中亮出自己的风采来，可以说是个不大不小的挑战。

想想看，你身上除了性别、年龄、工作、职位这些固定的描述，还有什么更能代表你这个人呢？是特长，也就是说是别人都不行而你行或者别人都行而你更优秀之处，提起这项特长，熟悉的人都可以不约而同地和你联系起来。专业特长的影响是显而易见的，在每一个组织里，搞技术的人总有自己不可取代的位置。除此之外，就是在生活中培养起来的特长，比如体育，比如艺术，它们有时候看起来似乎并没什么，其实却最能体现一个人的个性魅力。

在一家广告公司里，年底聚会时，大家都展示了自己的特长。他们中有的人会弹手风琴，有的会吹萨克斯，有的会唱歌，有的会跳舞，而且水平都不错。平日里看起来并不起眼的人，在这一时间也变得风采动人。尤其是一个叫 Sunny 的女人，会跳民族舞，会弹吉他，她虽然长得不漂亮，可是身上很自然地流淌出一种魅力，很多人都喜欢她，因为她也确实足够自信和优秀。拥有特长的人，不论男人还是女人都更加受别人的尊重和欢迎。

不要以为特长只是一种华而不实的东西，事实上，特长就是你的特色标签，让人们发现你、记住你，在这个过程中，一些本来可能降临到你身上也可能降临到别人身上的好运气，就很可能降临到你身上。

女人没有自己的一技之长，想从人群里脱颖而出是不容易的。“特长也是竞争力”，如果你想让自己在这个竞争激烈的社会上拥有更多的竞争力，如果你不想只做一个平常的女人，那就应该关注自身的成长，让自己尽量地拥有特长。

特长的另一个作用，是可以让你以一技之长会尽天下之友，在自己的同学圈子、职业圈子之外，再拥有一个同好者的圈子，接触到各行各业的人，开阔眼界，增加阅历。

那些懂得去培养自己特长的女人，都是聪明、勤奋且上进的女人，她们懂得如何使自己的生活更加丰富多彩，而且她们也确实通过特长在一定程度上改变了自己的生活。

当一个女人立足于社会，要努力把自己推销出去的时候，笼统而泛泛地向别人介绍自己，并不一定能给人留下太深刻的印象，除非你异常出色，或者你立刻就有表现的机会。而“强化”自己的特长，不但能给人具体而直观的感受，也更容易引起别人的兴趣，体现出你的卓尔不群。

努力往前排站，尽情绽放自己

女性最大的缺点往往就是做事被动，不愿抛头露面，这是传统女性的“遗迹”。我们应当抹去这些印记，做一个具有现代意识的新女性。未来的世界，就是一个明星的世界，会有更多的人进入公众的视野，而不是永远生活在一个缺乏关注的角落。所以，我们强调要做生活的主角，做现实生活的积极参与者，而不是做“看客”和“观众”。

英国第一位女首相玛格丽特·撒切尔夫人，自小就受到严格的家庭教育。父亲经常向她灌输这样的观点：无论做什么事情都要力争一流，永远走在别人前头，而不能落后于人。“即使是坐公共汽车，你也要永远坐在前排。”

“永远都要坐前排”是一种积极的人生态度。在这个世界上，想坐前排的人不少，真正能够坐在“前排”的却不多。有许多女人，基础很好，才华也不错，但在她所服务的单位却一直默默无闻，做些吃力不讨好的工作。出现这种状况，主要是因为她们没有抓住表现自己的机会，不敢在“前排”亮相。

在你的职业生涯里，最有说服力的，不是你做了什么样的工作，而是你在人前拿出了什么样的业绩。即使你才华出众，工作起来不辞劳苦，如果没有被上层发现，也始终都是可有可无的小人物。

孙瑜在学校时是有名的才女，不但琴棋书画无所不通，专业成绩更是无人可比。大学毕业后，在学校的极力推荐下去了一家小有名气的杂志社工作。谁知就是这样一个让学校都引以为自豪的人物，却在杂志社工作不到半年就被炒了鱿鱼。

原来，在这个人才济济的杂志社内，每周都要召开一次例会，讨论下一期杂志的选题与内容。每次开会很多人都争先恐后地表达自己的观点和想法，只有她总是悄无声息地坐在那里一言不发。她原本有很多好的想法和创意，但是她有些顾虑，一是怕自己刚到这里便“妄开言论”，被人认为是张扬，是锋芒毕露；二是怕自己的思路不合主编的口味，被人认为幼稚。就这样，在沉默中她度过了一次又一次激烈的争辩会。有一天，她突然发现，这里的人都在力陈自己的观点，似乎已经把她遗忘了。于是她开始考虑要扭转这种局面。但这一切为时已晚，没有人再愿意听她的声音了，在所有人的心中，她已经根深蒂固地成了一个没有实力的花瓶人物。最后，她终于因自己的过分沉默而失去了这份工作。

你是否也有类似的经验：有些同事在会议中总是非常踊跃地发表意见，

滔滔不绝，似乎有备而来。事实却可能是：他对提案不比你更熟悉，而且你手上准备的资料也比他更周全。但你从没有机会表达你的意见，结果主管不知道你的存在，更难想象你的专业程度。我们常说沉默是金，但也不想忘了，沉默同时也是埋没天才的沙土。

在社会上，女性本来就是弱势群体，如果你再不有意识地去争取幸运的机遇，离一个好命的女人的大目标只会越来越远。

要在社会竞争中获胜，我们可以从多种角度去考虑，什么地方、什么行业、什么活动机会更多，更容易帮助自己成功。有了这番考察之后，就要积极主动地参与其中，要会抢“镜头”，做“焦点”人物。

当你大胆地表达自己的看法，推出自己的成果时，肯定会吸引众多的目光。也许在一开始，你会觉得这比自己默默无闻时少了许多“自由”，但作为成功者，被众人瞩目是必然的。也正是因为如此，你对自己的要求会逐渐提高，这也是你进一步成长的动力。一般来说，坐在“前排”的人物，表现的舞台会更大，成功的机遇也会更多。

今天的世界，已经有了足够丰富的物质财富来奖赏更成功的人。但没有人会将这一切拱手奉献于你。所以，我们每个人都应该努力给别人一个尊敬你、欣赏你、发现你、肯定你的机会。只要你成功了，一切美好的词汇都属于你。

也许有人会问，每一个人都想成功，而成功的机遇非常有限，竞争非常激烈，在竞争中败下阵来怎么办？其实，成功的机遇是无限的。这一次不行，还有下一次，努力过不一定成功，可是如果不敢表现自己，别人是不会主动将荣誉的花环戴在你头上的。

更多的机会藏在沟通与交际之中

在生活中，你可以看到有些女人并不具备可以称道的背景，专业技能也算不上出类拔萃，但是她们所取得的成就，却是一些基础条件优越的女人所不能的。当然这里面有多方面的原因，但是有一点绝不可忽视，那就是她们可以信托的关系更多，更懂得如何与人合作。丹尼尔·戈尔曼在其畅销书《情商》中指出，这些复杂的思考、沟通和社交技能对于生活中取得的成果，常常比传统的智商和职业技能更重要。

越是在男人成堆的地方，女人的交际手段越能发挥重大作用。心理学家早已证实：“男人的成功一般是通过实际的竞争取得的，而女人的成功则往往是通过交际联络取得的。”女人应善于运用你这方面的优势，但同时也要注意，过分的优柔和周旋，有时也会误事。发挥自己温柔、机敏、富于亲和力的一面，有时候只需要寥寥数语。

江春晓原是一个地方电台的见习记者，后来应聘做了一家大企业的部门主任，薪水和待遇都很让人羡慕。认识她的人都知道，她相貌普通，也没有任何傲人的学历，当初她何以在数十个应征者中脱颖而出呢？

原来她在接到面谈通知时，立刻找人了解了这家企业创办人的生平背景。

她发现这位企业负责人早年进过牢狱，这些不足为人道的事，江春晓暗记在心。同时她知道这个大老板在出狱后，从一个路边的水果零售店做起，后来涉足建筑业，最后才有了现在的大企业。

江春晓在面谈时说：“我很希望在这样组织健全的大企业效力，听说您当年只身南下闯天下，由一个小小的水果摊开始，到今日领导万人以上的企业……”

那个大老板有段不堪回首的牢狱生涯，所以从不愿提起过去。不料江春晓能避开那不光彩的一面，直接把出狱后的创业和他南下闯天下连起来。这样他就名正言顺地说起了他的成功史，说得超过面谈时间了，大老板还是意犹未尽。

当你的个人力量还十分弱小的时候，一次良好的合作机会，会给你事业的发展提供有力的支持。请教和拜托别人，意味着不走弯路，能够积极地解决问题。因此，敢问人、敢求人的人，多数都有主导性的人生态度。女人如果想在自己的人生中获得更大的收益，应该学会主动与外界进行有效的沟通。事实上，不仅仅是在你的职业生涯中要与人合作、互利互惠，我们在人生的许多转折点，都需要他人的一臂之力。

现在的女人早已走出了封闭小家庭，在社会和形形色色的人公平竞争，开创自己的生活。古人云："在家靠父母，出门靠朋友。"无数事实证明：你的专业本领往往只能给你带来一种机会，而交际本领则可以给你带来百种千种机会；专业本领只能利用自身能量，而交际本领则可使你利用外界的无限能量。认识到与人合作的重要性，主动争取与强势力量合作的机会，是女人走向成功的一条捷径。

亮出你的修养，让男人肯定你的价值

在女性面前，男人的情绪很容易被调动起来。每一个女人都具有天生的无穷魅力，只要你刻意发挥它，就能让异性被你吸引，也能让同性对你表示友善。随着时代发展，现代的女人不但不应该扮演冰山美人，板着脸孔，反而应该善用与生俱来的女性魅力，与男性和平相处，和谐的氛围再加上本身的实力，会使你的人生之路平顺得多。

但是值得注意的是，以自身的女性魅力化解矛盾、加强联系，和利用美色获得成功完全是两码事。女人的好命，是以获得更好的生活为原则的，如果为了一时的利益而丢掉了自己的立场，那就是舍本求末了。

女人在利用自己的性别优势谋取利益时不能不考虑清楚，天下没有免费的午餐，如果你要得到更多的实际利益，必须要付出更高的代价，而这却会搅乱你的生活节奏，难以获得长久和稳定的发展。

如果你需要的是长久的成功与财富，凡事都要按规矩来。事实上，并非那些身居高位的男性都喜欢女人献媚，当他们冷静下来的时候，会明白一个花瓶和一位好职员孰轻孰重。

有很多女性误以为只有讨得能够决定自己命运的人欢喜，才能一路顺风地走下去。其实这是一个严重的错误。如果你的命运取决于他人的喜好和情绪，那么，你的运气再好也有限。因为今天他能喜欢你，明天也可能喜欢许多你的同类，你始终不是自己命运的主人。靠别人的庇护永远长久不了，你的素质，你对生活的认识，将最终决定你的价值。

只要不自弃，相信没有谁可以阻碍你进步

大多数年轻的女人做事情时，缺少一股冲劲儿。比如，她们要涉足一个新行业或者开始一个新项目时，如果有人说“这里面风险太多，很多人都曾经失利”，或是“这个难度太大，希望很渺茫啊”，那么，她们很可能就会打退堂鼓。最低限度，也要翻来覆去地问自己：“他们都说不行，是不是就有不行的道理，我可别盲目行动啊。”

真的不行吗？行不行要用时间来检验，没有去尝试过，甚至前期的准备工作还没做就放弃了，多么可惜啊！

“人活一口气”，一旦我们失去了自信，就违背了自己的本性，不敢

肯定一切，人生也就没有了根。我们会消极、迷惘，不知道自己该干什么，一遇到不利于自己的情势，就会畏难发愁，甚至逃避，结果，无论多么好的机会摆在你面前，你都抓不住，最终一事无成。

生活就是这样，有时决定你成败的不是能力的高低，而是你是否有信心，是否有一股一往无前的气势。

人生最可怕的，是自己不相信自己能行，被动地接受命运加诸身上的一切。生活中的困难和阻力随时都在，说你“不行”的声音也随时都有，这些都不重要，重要的是你怎样认识自己。

每一个不甘平凡的女人，都不要被别人的论断所左右，从而放弃自己的追求。即使在平常的生活中，依然需要我们面对外界压力的勇气。

台湾娱乐圈的名人小S，是一个大大咧咧、口无遮拦、敢爱敢恨的女人。她从来不在乎别人怎么说她，是夸她还是骂她，是喜欢她还是讨厌她，她通通无所谓，她就是要做她自己。她曾经勇敢地说：“从我有记忆以来，我就认为自己很漂亮，即使有那么多人说我姐比较漂亮，我也完全不把她当一回事，我很诚心地投入在自己是美女的世界里。”有多少女人能够在自己还是丑小鸭，在自己最不美丽、最自卑时，说出这样的话，在姐姐光彩的衬托下依旧能如此自信？

别人的眼光和议论，你不必太在意，我们又何必介意那些属于我们生命以外的一些东西呢？我们所应牢牢把握的只是生命本身，如果我们一直活在别人的目光下，那么属于我们自己的人生还有多少呢？

毕竟我们在属于我们自己的人生道路上昂首挺胸地一步步走过，只要认为自己做得对，做得问心无愧，就不必在意别人的看法，不必去理会别人如何议论自己的是非，把信心留给自己，永远向着自己追求的目标，执着地走自己的路。

一个人是“行”还是“不行”，不是听别人怎么说，而是看自己怎么做。总是战战兢兢，等别人给自己打分的女人，成就再高也有限。

不要拿你的柔弱和委屈当武器

“人善被人欺，马善被人骑”，“柿子拣软的捏”，这些充满形象比喻的语言用一句大白话来说，就是“老实人吃亏”。

有一些女人，或者由于天性柔弱，或者由于过多地听从了师长们女人要‘温良恭俭让’的教导，她们遇事总是一忍再忍，一让再让。结果呢？人们会不会因为她们的平和软弱就以同样的态度对待她呢？不，这样只会纵容一些小人的脾气，让他们更加肆无忌惮。

人们发火撒气往往找那些老实善良者，因为大家都清楚，这样做并不会招致什么值得忧虑的后果。在我们身边的环境里到处都有这样的受气者，她们看起来软弱可欺，所以总是处于受侵犯、受损害的位置。

如果在你身上也存在这种情况，转变做人的态度是十分重要的，不要过分老实软弱以至对所有的人都心怀敬畏。没有谁能超越人性的局限。杀人犯也怕被杀，权威只是一时的地位带来的表面力量而已。人应该是有锋芒的，虽然不必像刺猬那样全副武装，浑身带刺，至少也要让那些凶猛的动物感到无从下口，得不偿失。

当年台湾作家三毛到西班牙读书时，不忘记父母叮嘱的话，凡事要忍让。但是一来二去，四人宿舍的内务全都归她做了。三毛每天要擦桌子，挂好别人丢下来的衣服，洗脏了的地，清理隔日丢在地上的废纸。这且不算，三毛一大柜子的漂亮衣服就成了大家的公用品，每天有不同的女同学来借衣服，三毛忍着气给她们乱挑，一句抗议的话也不说。

渐渐地，舍友们更过分了，各种杂事都支使三毛去做，好像她天生是应该为大家服务的。一个拥有礼让的美德的中国人，在异国他乡却受到这种不公平的待遇，三毛的心情非常低落。

在一个晚上，宿舍的女人们偷了弥撒的甜酒，统统挤到三毛的床上喝酒叫闹。三毛忍无可忍，站起来把窗子哗的一下拉开来，好似雷鸣一样的声音招来了院长。她在没有弄清是非的情况下，就大声训斥起三毛来。

三毛连日来的委屈和愤怒一下子像火山似的爆发出来。她冲出房间，跑到走廊上看到扫把，拉住了扫把又冲回房间，对着那一群同学，举起扫把来开始如雨点似的打下去。扫把被人抢下来后，她举起桌子上的大花瓶，对着院长连花带水泼过去。

这次事件过去之后，三毛不肯道歉，也不肯忏悔，冷冰冰地对待所有的人。但奇怪的是，宿舍的人反而礼貌多了，当初借出去的衣服都还了回来，打扫卫生的事儿，大家也都主动地去尽义务。三毛以激烈的反抗，为自己找回了公平。

如果你是一个从不发火的乖乖女，那请务必勇敢地进行一次真正的反抗，改变“受气包”的形象。许多女人习惯了忍气吞声的生存方式，往往是由于她们患得患失，怕这怕那，自己在主观上先被吓倒了。而无数的事实证明，挺身而出，捍卫自己的正当权益其实是再自然不过的事。跨过这道门槛，你会发现，没有什么大不了的。转换了人生态度，你反而会活得更加自在。

不敢进行第一次反抗，就不会有第二次反抗的发生，因为你永远不知道反抗胜利的滋味有多么好。而有了第一次的反抗，尝到了其中的美妙，你自然就有动力去进行更多次的反抗。久而久之，你就会修正你的心理模式和社会交往方式，由一个甘心受气、只能受气的人，变成一个不愿受气的人。

动物世界里的法则是弱肉强食，其实对于人类来说，也未尝不是如此，只不过它在人类社会里不那么赤裸裸罢了。许多太软弱的女人认为：“人欺天不欺”，自我安慰老天爷终究是不会亏待自己的。这种阿Q式的精神胜利法会使外人看来你逆来顺受，天生老实可欺。任何事都怕成定式，一旦造成这种结果，你就会像立在田地里的稻草人一样，连小鸟都敢在你头上拉屎。如果你心中因此而感到窝囊，就要勇敢地站出来，维护自己的权利，否则，你的处境只能越来越糟。

欺善怕恶是人性中恶的一面，这是一种无法改变的事实。那些经常受人欺侮的软弱善良的女人，与其患得患失，怕这怕那，不如勇敢地站出来维护自己的利益。反抗的美妙滋味，会成为你逐步找回自我的动力。

第2章
别让情绪掌控你，别让坏脾气毁了生活

情商又称“情绪智商”或“情绪智慧”，其扩展为五个主要领域：了解自身情绪、管理情绪、自我激励、识别他人情绪、处理人际关系。情绪在情商中占有十分重要的地位。情绪中有消极的成分，也有积极的成分。人就像木偶，情绪就像木偶身上的线，情商就是提线人，我们在不同的境遇中都要掌握好木偶身上的线，一旦失控，让不良的情绪主导我们的行为和身心，后果可想而知。

女人，不要忽视情绪的影响力

心理学家告诫女人，情绪具有很强的影响力，它可以像传染病一样迅速扩散和蔓延。你与人打交道的过程中，不断地传递情感信息，影响周围的人。你的情绪状况，常常会影响到对方的情绪状况。当你对别人微笑时，别人也会对你微笑，反之你的坏情绪也会使得对方的情绪变得糟糕。

无论是在工作中还是生活中，情绪的好坏都会造成连锁反应。好情绪能感染人，给别人带去快乐，而坏情绪也会让周围的人感到不快。例如，当你高高兴兴地去上班，却发现办公室的气氛压抑，所有人都闷闷不乐时，你的心情就会立刻紧张起来。而当你带着烦恼回到家里，见到孩子的笑脸，就会暂时忘了烦恼，随之变得快乐起来。

这就是心理学上说的情绪效应，即情绪会通过你的姿态、表情、语言传达给对方一些信息，在不知不觉中感染对方。心理学家研究发现，将一个乐观开朗的人和一个郁郁寡欢的人放在一起，不到半个小时，这个乐观的人也变得郁郁寡欢。因此，女人需要正确利用情绪效应，让它为你所用。看到别人表达情感就会引发自己产生相同的情绪，这种情绪的传递时时在进行。如果你能使他人的情绪顺应你的步调，必然能够提升你的影响力，进而建立良好的人际关系。

高情商的女人往往是情绪的主导者，她会把情绪传导给周围的人。在工作中，高情商的女人能够使别人处于积极、兴奋的情绪状态中，从而产生更好的工作绩效。

黄莺是某公司的经理，她对情绪的影响力有颇深的感触。一次，一名优秀的技术人员因为前一天工作到凌晨，第二天迟到了，结果影响了整个工程的进度。正好那天黄莺的情绪很糟糕，于是就狠狠地批评了那名员工。没过多久，那名员工就跳槽了。由于她当时没能控制好自己的情绪，导致了公司人才损失。不良的情绪导致自己和团队的工作效率降低。从此，黄莺坚持只将积极情绪带进办公室。这样不仅自己工作起来很轻松，还感染了下属，使得她在下属中的人气大幅提升。此外，她还将工作上的快乐情绪带回家跟家人分享，家里人也因此而感到快乐。

情绪会影响一个人工作的积极性，如果你能让别人觉得心情愉快，充满自信，就会感到这是很好的一个团队，面对困难大家也会积极努力地协调解决，内心会产生成就感，会把这种情绪带给自己的亲人和朋友。相反，当不良的情绪在工作中扩散开来，不仅会使事情无法解决，也会使你的人际关系出现问题，你的工作积极性也会受到影响。

不仅仅是工作中，生活中我们也要用自己的积极情绪去感染人，让你的朋友和家人因为你的快乐而快乐。著名教育家马卡连柯教育父母说："你们怎样穿衣服，怎样跟别人谈话，怎样谈论其他的人，你们怎么表示欢欣和不快，怎样对待朋友和仇敌，怎样笑，怎样读报——所有这些对儿童都有很大的意义。你们态度神色上的一切转换，无形中都会影响儿童。"如果母亲在家里表现出不好的情绪，势必会影响到孩子，所以你要注意自己在孩子面前的情绪，尽量将自己的快乐情绪传达给孩子，为孩子营造一个温馨愉快的生活氛围，使得孩子能够快乐地成长。要为孩子树立最直接的榜样，使孩子在潜移默化中养成自信、豁达、开朗的性格。

快乐的女人要懂得以微笑去面对每一个人，将你的笑容与快乐传染给别人，让他人也绽放出笑容，你会发现你收获的是更多的快乐。

情商高的女人是情绪的主导者，管理好自己的情绪，将积极的正能量传递给身边的每一个人，相信别人也会感受到你强大的自我管理能力。

女人要学会调控自己的情绪

哲人说，快乐的女人都具有对情绪的调控能力，她们的情绪情商比那些总是愁苦的女人高很多。你是否研究过人的情绪是怎样变化的呢？有些日子我们感到精力充沛、心情愉快，有些日子我们的自我感觉特别不好，如心情容易烦躁，会莫名其妙地发火，情绪低落，心情抑郁。压力变大时，我们的心情似乎特别不好，因为出门的一场大雨而心情低落，因为工作的繁重而倍感郁闷，不顺利的事情似乎一件接一件，你对生活失去兴趣，也打不起精神来工作。

情绪具有波动性和感染性，糟糕的情绪总会不自觉地蔓延，使你一整天都感觉失落。心理学家说，不同的人对情绪的把握能力有一定的差别，如果你的心是积极的，你就能更好地调控情绪。

莉莉最近总觉得上司针对她，总是有一大堆策划要她做。莉莉手上本来就有一大堆工作，已经很忙了，上司说话还没个好脸色，她的情绪很低落，工作时也没有精神。回到家，莉莉的消极情绪才稍稍得以缓解。可第二天来到公司，看见上司的黑脸，莉莉无形中又受到了感染，在办公室里小心翼翼，唯恐被上司臭骂一顿。莉莉认为自己没有做错什么，无缘无故看上司的冷面孔很无奈。随之，工作积极性也消失了，在办公室待着好似漫长的煎熬。

对事物认识的不同会使我们的情绪有很大的不同。例如，不同的员工受到老板批评时，往往会有不同的反应。有些人认为老板是在和他作对，故意刁难他；而有些人认为老板是在帮助他认识到自身的不足。正是因为这些认识上的不同，人们才会产生不同的情绪。前者会对老板产生厌恶甚至对立的情绪，而后者会觉得和老板的关系更为亲密。所以情绪的变化有时取决于你对事情的不同看法。这就如，同样是半杯水，当心境被积极情绪占据时很可能认为它是“半满”的，而当心境被消极情绪占据时却可能认为它是“半空”的。

俗话说，“笑一笑，十年少；愁一愁，白了头”。积极情绪有利于人的身体健康，而消极情绪则可能带给人损害。国外学者胡夫兰德在《人生延寿》一书中指出：“一切对人不利的影响中，最能使人短命夭亡的就要算是不好的情绪和恶劣的心境，如忧虑、颓丧、惧怕、贪求、怯懦、嫉妒和憎恨等。”巴甫洛夫也指出：“一切顽固的忧郁和焦虑，足以给各种疾病大开方便之门。”情绪因素在疾病的发生、发展及预防方面起着重要作用。

曾有心理学家做过这样的实验：把人生气时呼出的气体收集起来，然后把它们溶于水中，将溶液注入小白鼠的体内，结果小白鼠在一段时间后死亡了。这个结果告诉我们，生气的时候，人体内免疫细胞的活性会下降，抵御病毒侵害的能力也会减弱，比较容易导致疾病；情绪不好的时候，人体内还会分泌出一种毒性的荷尔蒙，对人体产生不利的影响。《大学》中也说：“所谓修身在正其心者。身有所忿懥，则不得其正；有所恐惧，则不得其正；有所忧患，则不得其正。”所有这些都告诉我们要及时调整自己的心态、情绪，不要让自己的身心健康受到影响。

首先，要控制消极情绪。喜怒哀乐是人之常情，可是消极情绪常常会使你无心学习和工作，也会影响你的生活，失去和谐的人际关系。人是一定会有情绪的，有时候压抑情绪反而不好，要学会体察并控制自己的情绪。无法控制消极情绪时，我们要想办法转移一下，如换个环境，出去走走，呼吸一下新鲜的空气。只要稍微转移一下，我们的消极情绪就可能有所缓解。

其次，在受到情绪困扰的时候，我们可以通过调节自己的认识方式来调节情绪。例如，工作做得不满意的时候，可以问自己：“别人也有不成功的时候，为什么我不能有呢？”每个人都会遭到不同程度的失败，你当然也不例外。有时候我们也要以适当的方式表达自己的情绪。例如，在和朋友生气时，明确地告诉对方，你为什么不高兴，而不是闷在心里，影响自己的心情。

最后，要以合适的方法疏解情绪。在情绪不好的时候，我们可以尝试通过布置周围的环境来达到创建良好心境的目的。例如，改变居室的布置，放放音乐，养养花，种种草，出去逛逛街，旅旅游，等等，都对情绪的调节有一定的帮助。我们甚至可以痛哭一场，或者找好友哭诉一番，别逼迫自己总是想起不愉快的事情。疏解情绪是让自己好过一点，让自己摆脱过去面对未来。要勇敢地面对，想想自己为什么难过、生气，怎么做可以减少不愉快。要学会主动控制情绪，而不是让情绪来控制你！

心理学家建议，女人在生气的时候，可以找一面镜子，对着镜子努力做出笑容来，持续几分钟之后，你的心情或许会变好。当然，每个女人调解情绪的方法不同，但你首先要提高对情绪影响力的认识，提升自己的情绪情商。由此，借助最适合自己的方法，控制情绪的变化，保持良好状态，从而创造美好的生活。

我们不能积累太多的情绪，要及时排解。我们可以有意识地调整自己的情绪变化，尽快地将消极情绪转化为积极情绪，避免因为情绪变化而影响自己的生活。

女人更要清楚，让情绪左右你的情感和生活，让自己成为情绪的奴隶是多么危险和可悲。

用微笑面对不理智的咆哮

心理学家说，面对别人对你的指责、咆哮、叫嚣，如果你无法做情绪的主人，在某些时候，你最好学会做个聋子。

对于很多女性来说，怒气冲上心头，特别是面对别人的欺负、挑衅时产生的愤怒是很难控制的。但我们仍要切记，“忍”字头上一把刀！在即将发脾气的时候飞快地给自己按一个“暂停键”，想好发脾气所要承担的后果，然后再决定怎么做。

事实上，她们之中的某些人离开时，脸上甚至露出了羞怯的神情，因为这位年轻小姐的好脾气已使她们对自己的作为感到惭愧。

站在柜台前，面对客户的埋怨和咆哮，仍能平和对待的女人实属不多。也许你能勉强工作一天、两天，长期如此，如果不是一个聋人，或者在心里不能把自己当成一个聋人的话，做这份工作只会自找麻烦。

在别人的咆哮面前做一个聋人，使你不至于失去对情绪的控制力，像一个没有罗盘的水手，每次汹涌澎湃的风暴，都会改变心情的方向，让你疲惫不堪。

但对于幸福的女人来说，仅仅沉默地对待别人的坏情绪还不够。心理学家分析说，人的情绪好坏和人的性格有关，而人的性格又和人的德行有关，而德行是不可能装得出来的，是要靠自己一点一滴去修炼的。只有拥有似海洋一样广阔心胸的人，才能容忍生活中那些看似不公平的事情，守住内心的平静，不让别人的坏情绪摧残自己。

一天，一位德高望重的法师吃完午饭，正要出门，不料，迎面撞上一位身材肥胖的妇女，说时迟，那时快，只听“嘭”的一声，刚好撞在法师的眼镜上，眼镜戳青了法师的眼皮，然后掉在地上，摔得粉碎。

此时，那位肥胖的妇女毫无愧疚之色，反而理直气壮地说：“你出门怎么不注意点，还戴眼镜！”

法师此时心想：世间法多由因缘合和而生，有善缘，亦有恶缘，解决恶缘之道，唯以慈悲待之。因此便以豁达的心胸来接受这项事实。

肥胖的妇女见法师以微笑慈容回报她的无理，颇觉讶异地问：“喂！

和尚，你为什么不生气？”

法师借机开示说：“为什么一定要生气呢？生气既不能使破碎的眼镜重新复原，又不能使脸上的瘀青立刻消失、苦痛解除。再说，生气只会扩大事情，如果我生气，对您破口大骂，或是打斗动粗，必定造下更多的恶缘，甚至伤害了身体，仍不能把事情化解。

以世间因缘果报来看这件事情，我早一分钟或迟一分钟开门，都可以避免相撞，而我们却撞在一起，或许这么一撞化解了我们过去的一段恶缘，因此，我不但不生气，反而还要感谢您助我消除业障哩！”

妇女听后十分感动，她问了法师的称号和许多佛法，然后若有所悟地离去。

这位法师道行深厚，在被人侵犯的情况下仍然心平气和，面对别人的咆哮依然不生气，平凡人恐怕没有几个能够做到。

人与人之间相处，当矛盾当头时，往往以嗔恚、愤怒相向，殊不知，生气是不能解决问题的。法师以豁达的心接受横逆，不但化解了一段恶缘，并且点醒了妇人，令她知道忏悔。

对于女人来说，在别人对你咆哮时，有五种消除怒气的方法：一是把怒气压到心里，生闷气；二是把怒气发到自己身上，进行自我惩罚；三是无意识地报复发泄；四是发脾气，用很强烈的形式发泄怒气；五是转移注意力以此抵消怒气。其中，转移是最积极的处理方法。当怒火中烧时，你最好先“三十六计走为上策”，迅速离开使你发怒的场合，做些能使自己高兴的事情，如逛街、吃美食、听音乐等，让情绪渐渐地平静下来。我们经常有这样的体验，当时很愤怒，过后一想，根本就没有那么糟糕，自己发怒多么小题大做。

在日常生活中尽量避免生气，用宽大的心胸去容忍别人的错误，在提升自身修养的同时，对自己的心情和面容也是天然的滋养。

利用情商击退愤怒情绪

一位哲人说过，若想女人不生气，这就与让她们改掉爱抱怨的习惯一样困难。在实际生活中，产生愤怒的原因多种多样，因为受诽谤而愤怒、不被人理解而愤怒……心理学上认为生气的表现是一种遭遇挫折时的情绪反应。美国心理学家戴埃就在《你的误区》中称愤怒“是指当某人事与愿违时做出的一种惰性反应”。

生气是一种正常的情绪反应，但却是一种不良的情绪，所以，如何化解愤怒就变得异常重要。怎样才能达到调节情绪的良好效果呢？心理学家给出了几条建议。

离开让你感到愤怒的人和事。从让你感到愤怒的环境中走开一会儿，恢复自己的自制力。如果你与同事发生了争吵，最好是尽快回避，因为大家都在气头上，就容易引起更进一步的争吵，最好暂时回避一下，然后让自己的情绪平静下来。有研究表明，多数发怒的持续时间是一分钟到两天，平均为 15 分钟。因此，要离开那个环境冷静地想一想，事情是否真的值得你这么愤怒。要控制住自己，不能感情用事，要记住“小不忍则乱大谋”。当双方心平气和时，聊聊天，坦诚地说出自己的意见，也听听别人的看法，或许你会发现你们之间并没有什么重大的矛盾。

对于家里的人和事也是一样，生活中难免会有矛盾，也会发生许多不顺心的事。当起争执时，不容易分辨谁对谁错，所谓“公说公有理，婆说婆有理”，因此不要真的动怒，互相之间要多谅解。生气的时候，你要想清楚究竟是什么事情让你愤怒，然后想办法去解决。如果说你疲劳时更容易生气，那么你就不要在那时和你的丈夫讨论重大问题。避免起冲突，也更有利于解决问题。

你也可以把心中的愤怒对你的亲朋好友诉说，让他们开解你，化解你心中的愤怒。如果你不想告诉别人，那么还有一个方法，就是把它写下来。你可以写你发怒的原因，你甚至可以把你的不满都写上。当你回过头看时，会发现自己的心情平复了很多。

如果始终想着让你愤怒的事情，只会越想越生气，越想越难过。心理学上有一种“移情”的理论，即随着注意力的转移，一种心理状态就会被新的心理状态所取代。因此愤怒时，改变你的关注点，转移注意力。可以做一些自己真正喜欢、感兴趣的事情，因为是自己爱做的事情，便会从中得到满足，感到愉快，让自己尽快地恢复平静。这样能够阻止愤怒情绪的滋生和蔓延。

毕达哥拉斯说过：“愤怒以愚蠢开始，以后悔而终。”因此，高情商的女人要学会给自己的心灵设置一道泄洪渠，把愤怒化解，排泄出去。

情商高的女人总有自己的方法，将不良情绪和消极情绪转化为积极情绪，为自己的前进找到源泉和动力。

告别嫉妒，正视自己

相比于男人，女人的嫉妒情绪更加严重。嫉妒是一种负面、消极的情绪。虽然不同的嫉妒心理会有不同的嫉妒内容，但是荣誉、地位、钱财、爱情四个方面最为明显。

莎士比亚把嫉妒比作爱情的卫道士。很多女人用恋人的吃醋程度来确认他对自己的爱。如果恋人从来不为自己和异性接触交往而吃醋，就会认为他还不够爱自己。莎士比亚的戏剧《奥赛罗》中，奥赛罗因为伊阿古的阴谋诡计而怀疑妻子对他不忠，并亲手扼死他深爱的苔丝狄蒙娜，被后人认为是嫉妒的代表。因此，嫉妒情绪在爱情中是危险的。如果因为嫉妒而使对方发现他有多爱你，那么嫉妒能够转化为爱情的推动力，就会有一定的积极意义。

但是嫉妒更多的时候表现的是消极的心理。嫉妒常常会使人对别人有一定的抵触和对抗，爱攻击别人和挑人毛病，也会造成中伤别人、怨恨别人和诋毁别人等。容易嫉妒的人往往被认为是心胸狭隘的人，也会造成人际关系紧张。

要给自己一个正确的定位。正确地认识自己，既不要妄自尊大，也无须妄自菲薄。你要认识到自己的长处，也要正视自己的短处。如果你不能正确地评价自己，就会一直和别人进行比较，更可怕的是，你拿自己的短处和别人比较。所有的自卑与嫉妒，都来源于此。漫画大师朱德庸曾说，女人如果没有性感，就要有感性；如果没有感性，就要有理性；如果没有理性，就要有自知之明，如果连这个都没有，她只有不幸。因此女人一定要有自知之明。

生活中有很多这样的人，因为嫉妒而对别人冷嘲热讽。一个人如果嫉妒别人，就意味着不能正视别人的长处，同时意味着不能正视自己。

嫉妒有时是因为虚荣心作祟。要面子，不希望别人超越自己，通过贬低别人来抬高自己，羡慕别人所拥有的你所没有的一切，想方设法地打击别人。但是，这样做你能得到什么呢？人的欲望总是无止境的，而你的生命能力是有限的，你不可能把一切都抓在手里。

不要和别人比较，俗话说“天外有天，人外有人”。这世界上比你有钱、比你有地位、比你美的人，多得数也数不清，你能比过来吗？

要学会珍惜自己所拥有的。不要一直往前走，忘记回头。回过头看看你所拥有的，你手中握着的那些东西要好好利用。嫉妒的情绪只能阻碍自身发展，并使个人间的差异感不断加深。对于绝大多数人来说，要想过上比较舒适的、自己向往的生活，只能靠刻苦努力，不断提高自己的生存能力，才能抓住发展机遇。

巴尔扎克说："嫉妒者受到的痛苦比任何人遭受的痛苦更大，他自己的不幸和别人的幸福都使之痛苦万分。嫉妒心强的女人，往往以恨人开始，以害己而告终。"嫉妒的情绪只能阻碍自身的发展，如果想过上自己向往的生活，只有不断提高自己的生存能力，而不是对别人的成就眼红。

当别人的生活境遇比你好时，要为别人的安乐而欢喜，不要想着"他比我过得好，上天不公平"。当别人取得成就时，也为他人而欢喜，而不是想着"他取得成功完全是侥幸"。

别让坏情绪给你带来坏脾气

古人有云："三思而后行。"意思就是做事不能只凭自己的一时冲动，要考虑到后果。作为一个女人，每天接触的人无非是家人、朋友和同事，这些都是和你的生活息息相关的人，如果因为自己的坏情绪而向他们发脾气，不但会使自己失去一个生活伙伴，也会让周围的人对你感到失望。人与人之间的感情是相互的，只有你顾虑到别人的处境和感受，别人才能从心底真正地喜欢你、认可你。

生活中的两个不同的女人，即使有着同样的境遇，在同样的环境中成长，有人觉得幸福，有人深感不幸；两人同时望向窗外：一人看到的是星星，一人看到的是污泥。这代表两种截然不同的态度。女人的坏情绪经常是庸人自扰，那么就更不要把这种烦恼带给身边的人了，凡事往好的方面想，时间久了，心中自然装满了美好。

心理学家说，女人往往很容易被情绪左右思考能力，在情绪的干扰下，思考产生偏激或受到限制，不利于原本就感性的人做出正确的判断。一个处于失控状态的人，很容易被情感左右而做出激烈的、有破坏性的行动或者说出让人心情低落的话语。

有一个女孩，她很容易因为一些小事而情绪不稳，生气和发脾气也是常事。虽然她心地善良，待人真诚，但因为易生气，她失去了很多好朋友。她为此也很苦恼。

这一天，父亲给了她一袋钉子，并且告诉她，每当她情绪不好的时候就钉一根钉子在后院的围栏上。第一天，这个女孩钉下了37根钉子。慢慢地，她每天钉下的钉子数量有所减少，她发现控制自己的情绪要比钉下那些钉子容易。终于有一天，这个女孩不再失去耐性、乱发脾气。她告诉了父亲。父亲又说，从现在开始，每当她能控制自己情绪的时候就拔出一根钉子。一天天过去了，最后女孩告诉她的父亲，她终于把所有钉子都拔出来了。

父亲握着她的手，来到后院说："你做得很好，我的好孩子，但是看看那些围栏上的洞，这些围栏将永远不能恢复到从前的样子了。你生气的时候说的话，就像这些钉子一样留下疤痕。每当你和朋友吵架，说完难听的话，就在他心里留下了伤口，像那个钉子洞一样。插一把刀子在人家心里，再拔出来，伤口就难以愈合了。无论你怎么道歉，伤口总在那儿。要知道，心灵上的伤口比身体上的伤口更加难以恢复。"

这个女孩在听了父亲的教诲后，很少乱发脾气，因此，她身边的好朋友渐渐多了起来。

当你发脾气、生气时，你周围的人也会跟着你紧张和情绪低落，这种负面情绪很快会充满整个房间，充斥你的周围。而一旦你把这种情绪爆发出来，后果可想而知。被怒气冲昏头脑的人，不管平时多么善良和会说话，此时也难免说出一些伤透人心的难听的话。而这些话就像钉子一样刺进了对方的心中。当你反省过来，真诚地向他道歉时，虽然他能够原谅你，但这道伤疤会永远留在他的心里。

女人的情绪化让她们感性，女人的小脾气让她们可爱，女人偶尔的感性和可爱是对平淡生活的一种调剂。然而任何事情过度了就会变成灾难，时常注意自己的行为和态度，不要因为自己的反复无常而给他人造成困扰。世界上的大部分女人都是善良的，如果能更好地控制自己的情绪和脾气，女人会变得更有魅力，生活会更加快乐而美好！

快乐、宽容、坚韧、恬静、感激、自信、勇敢是我们克服情绪低落、战胜困难的法宝，我们必须学会在逆境中寻找力量，并牢记生气无济于事，不如在动摇中培育信心，把握好航向。

第3章
别等着幸福被给予，女人要懂得善待自己

幸福是人们对生活的满足和期待，但幸福不是说来就来，因为千百种坎坷才锻造一种幸福。幸福的女人能了解穷山恶水后的美丽风景，不幸的女人只会在叹息之中迷失一生。幸福女人如何理解她们眼中的幸福，如何理解艰难人生中蕴含的希望和理想，如何将人生的喜怒哀乐看得云淡风轻，那都是我们要汲取的幸福情商和人生智慧。

女人迈向幸福的第一步是珍惜

罗丹曾说："生活中并不缺少美，只是缺少对美的发现。"幸福也是如此，每个女人的人生都不缺少幸福，只是有些女人缺少感受幸福的心。

有些女人不明白这个道理，总是抱怨自己的生活不如意。尤其是一些年轻的女人，她们从小生活在舒适的环境中，像一朵长在温室的鲜花，她们从未经历过温室外的狂风暴雨，因此总是不满足目前平淡的生活，不知困难为何物，自然也就不会有感受幸福的心。

古时有个智者坐船出海，同船的旅客中有一个女人第一次坐船。女人从没有见过海洋，也没有尝过坐船的苦，因此一路上总是哭哭啼啼、战栗不已。船上其他人百般劝慰女人，告诉她不会有危险，但女人仍继续哭闹。这时，智者走过来用力把那女人推到海里，女人沉没了几次后，智者才抓住她的胳膊，把她拖回船上。女人上船后，像变了一个人一样，独自待在一个角落里，不再作声。大家百思不得其解，纷纷问智者原因，智者说："不知道淹死的痛苦，就不会感受到稳坐船上的可贵，人总要经历过忧患，才会知道安乐的价值。"

那些抱怨生活不幸福的女人总是想着自己缺少的东西，却没有看到自己已经拥有了什么。有衣有食，身体健全，家宅平安，这就已经是难能可贵的幸福了。在盲人的心里，有一双明亮的双眼，看尽天下美景是最大的幸福；在乞丐的心里，丰衣足食，有个遮风避雨的住所是最大的幸福，拥有这些却还抱怨连连的女人，只是因为她没有体会过失去的痛苦。

情商高的女人知道，“幸福”其实没有固定的解释，全在于自己赋予它什么定义。在高情商女人的心中，爱情并不是唯一的幸福，亲情和友情同样让她倍感温暖，她们总是用感恩的心来珍惜自己所拥有的亲情和友情。

熬夜工作时母亲端来的一杯热牛奶，工作困惑时父亲一句安慰的话语，这一点一滴的小事都让高情商的女人体会到了幸福。父母无私的爱让女人健康快乐地成长；父母鼓励的眼神，让女儿变得勇敢，无论何时，父母的怀抱都是让女人遮风避雨的港湾。金钱无法买到这种纯粹的感情，高情商的女人十分珍惜这份真挚的情感，亲情让她倍感幸福。

情商高的女人视友情为自己生命中的一个重要组成部分，十分珍惜朋友间的情谊。友情是这世界上最宝贵的情感之一，朋友的关心就像冬日的阳光一样温暖着女人的心；当女人在汪洋中迷失方向时，朋友的帮助就像是黑夜中的灯塔，为她指明方向，助她远航。情商高的女人真诚地对待身边的朋友，时刻以愉悦的心情享受这种感情，融洽的人际关系给她们带来心理上的满足感和幸福感，所以她们才更加珍惜、爱护。

人生痛苦的根源在于不知足、不珍惜。“得到”与“失去”像钟摆一样永不停息，所以，高情商的女人总是知足常乐。她们把握好现在，珍惜自己拥有的一切，以一颗感恩的心，认认真真地过好每一天。对高情商的女人来说，幸福就是“简单”二字。在简单中平凡，在平凡中拥有，在拥有中珍惜。女人珍惜了生命，生命便会长久，女人珍惜了家人、朋友之间的情感，便能在友善的交流中获得快乐。

在人生的长河里，幸福只是它匆匆奔流时涌起的浪花，真正的幸福不是你得到了一些什么，而是每天你都能对自己拥有的一切，怀抱着一颗满足、感恩、珍惜的心。女人不要等到失去了才倍感痛惜，懂得珍惜，最为可贵，善于知足，才是幸福。女人如果能够以这种态度来对待生活中的每一天、每件事，珍惜拥有的一切，抛去无谓的烦恼，把幸福放在心里，用心珍惜，就会发现，幸福其实就在自己手中。

只有情商高的女人才明白，幸福依托于物质的满足，但绝不是得到数不尽的金银财宝，幸福的源泉在于懂得知足和时刻珍惜。

女人坚持幸福才有转机

幸福美满的人生是每个女人毕生都渴望拥有的，然而很多时候，事态的变化让女人无力去改变现状。面对困境，有些女人容易灰心丧气，没有付出任何努力就早早地放弃希望，冥冥中就错失了获得幸福的转机。

女人的一生难免会遭遇痛苦和失败，是在牢骚和抱怨中艰难度日，还是开开心心面对生活，这取决于女人的选择。如果女人懦弱地妥协，做了困难的俘虏，那么等待她的将是生活的不幸。高情商的女人做事时有一种永不放弃的精神，只要有一丝希望她就不会放弃努力。作为生活的强者，高情商的女人总能把握住生活的希望，在努力的过程中快速成长。当所有的困难迎刃而解时，她已经抓住了幸福生活的转机，对她们来说，这段努力付出的过程也是一种幸福。

受金融危机影响，某公司不得不裁员，在下岗名单中有内勤部的小可和小飞，离职时间规定在一个月后。名单公布那天，小可和小飞都无法相信自己的眼睛。面对即将失业的打击，小可心里不满，情绪十分激动，一会儿找同事哭诉，一会儿找主任求情，原本该她做的工作全扔到一边。小飞难过归难过，但工作总不能不做，毕竟距离下岗还有一个月的时间。同事们知道小飞要下岗了，不好意思再找她打印文稿了。小飞特地和大家打招呼，主动揽活，她笑着对同事们说：“是福不是祸，是祸躲不过，反正也就这样了，不如好好干完这个月，以后想给你们干都没机会了。”面对小飞开朗的笑脸，同事们也就不再不好意思了。于是，小飞又像从前一样，随叫随到，坚守着自己的岗位，履行着自己的职责。一个月后，小可如期下岗，而小飞却被从裁员的名单中删除，并升职为内勤主管。主任当众宣布了老总的话："小飞的岗位谁也无法代替，像这样的员工公司怎么能不重用呢？"

人生不如意事十之八九，世界上没有一成不变的事情，女人的命运也是可以改变的，危机之处同时也是转机。高情商的女人时时激励自己积极地面对工作和生活，她的未来自然也就充满了光明，而像案例中小可那样自怨自艾，眼里只有不幸，其结局也注定会不幸。一个连自己都放弃了的人生，幸福的转机怎么会光临呢？

每个女人光鲜的背后，都有一段心酸的奋斗史，只不过那些流泪的日子早已过去，女人已经从阴霾中走了出来。人生不可能时时事事都顺利，女人的幸福在于自己一步步的努力创造和永不放弃的奋斗。也许幸福在你的人生之初并未向你露出微笑，在你成长时，它总是躲在乌云的背后，但对于高情商的女人来说，这一切都只是一个简单的开始。积极且勇敢地向前迈步，不放弃每一个可能成功的机会，就会发现改变自己一生命运的转机唾手可得，幸福生活开始垂青自己。

对于生活中的一切，是自暴自弃还是永不放弃，都掌握在你自己手中，女人只要自己不轻易放弃，相信没有谁能阻挡你追求幸福的步伐！

一种只属于单身女人的幸福

对高情商的女人来说，爱情并不是幸福的全部，无拘无束，做任何自己想做的事同样能让她感到满足。远离父母的管教，凡事不必考虑另一个人的意见，随心所欲地生活，这些都是让女人选择单身的理由。单身让女人的生活状态得到最大化的放松，下班之余尽情地玩闹，不必戴上淑女的面具，也不必去承担养家糊口的压力。“随时随地尽情释放生活的压力，做真实的自己”，这就是单身女人的别样幸福。

高情商的女人早对自己的人生有一个规划，她并不是盲目地选择单身。在这段单身时期，她懂得用自己的方式去享受人生的幸福，体味生活的乐趣。养一只小猫或者几条金鱼；种几盆可爱的小花；看看当红的电影；去任何自己想去的地方增长见识；随心所欲地打扮自己，在异性面前尽情地展现自己的风采与魅力。单身的女人拥有灵活的生活时间和生活空间，所以，在现代社会中选择单身的女人，其实是选择了另一种快乐自由的生活方式。

高情商的女人并不是因为缺少爱情才选择单身。她们的生活中从不缺少男人的殷勤和鲜花。当男人拜倒在她们的石榴裙下，渴望与她们相守一生时，她们却把唾手可得的婚姻拒之门外。你不用对她们的做法感到惊讶，其实那些不愿走进围城的女人才是真正有责任心的女人。她们很清楚，婚姻是对两个人一生的考验，但这种考验并不是她们所能承受得起的。她们不会拿两个人的一生来做婚姻的试金石，她们更热爱一个人自由自在、不受约束的生活。

如今，单身的女人越来越多，年龄的跨度从 30 岁到 50 岁不等，在她们中间，大多数人个性独立，崇尚自由，受过良好的教育，个人事业发展不错，其中相当一部分人还拥有较高水准的物质生活。她们并不认为结婚是幸福的唯一归途，实际上，真正的幸福是自己感受到的幸福。如果女人在一个人的时候都感觉不到快乐；那么，即使两个人在一起，也未必幸福，与其两个人过着烦恼不断的婚姻生活，倒不如自己一个人闲云野鹤般活得潇洒。

单身女人的别样幸福观，对于那种“女人的幸福就是与男人结婚”的观念，是一种彻底的挑战。社会的多元化，文化的多元化，使女人有了更多的选择权利。今天的女人，婚姻并非是获得幸福的唯一出路。高情商的女人有极强的心理素质，她们不会屈从于舆论的压力，在选择经济独立与人格独立的同时，她不会委屈自己勉强接受一份婚姻。因此，即使没有婚姻，她们同样过得幸福。

45岁的文丽是一个天生敏感而浪漫的女子，也许是她过于浪漫，她不愿意走入婚姻这座现实的围城。她单身至今，早已过了结婚的最好年龄，但她生活得一点都不孤单。她早放弃了那种下班后就急忙赶回家给老公、孩子做饭的“保姆式生活”。几十年下来，文丽始终乐观地对待生活，她时刻感到自己很幸福。她喜欢打扮，喜欢选择适合自己风格的服饰，她的步态稳重而不失优美，健康而有活力。每周，她都会去室外健身一次，室内健身两次；还会不定时去美容院做按摩；即使素面朝天，她也从不害怕眼角出现皱纹。每天夜里，一个人躺在床上，读书看报，或者上上网，听听音乐。她还定期与朋友聚餐，她从来没有感到自己被生活遗弃，相反，那些和她同龄的同事、朋友、同学，一致认为她生活得比谁都好。

在现代社会里，选择单身的女人，多数是那些有思想、有主见、有挣钱能力，各方面都很独立的女人，成熟、独立、自信是这些女人的标志。单身对她们来说，只是一种适合她们的生活方式，那些积极、乐观，做什么都不肯轻易放弃的单身女人，幸福早已被她们囊入怀中。

幸福的女人告诫女性朋友：把最好的自己留给好的人。单身可以是一种主动的智慧的对自己负责的选择，更是一种令自己愉悦的生活态度。

女人“傻”一点的幸福智慧

《论语》中说：“知之为知之，不知为不知，是知也。”意思就是：“知道的就是知道，不知道的就是不知道，这才是智慧。”但在如今这个社会中，“知之为知之，不知为不知”还不够。高情商的女人总爱装傻，懂得在人前示弱，有些事情即使知道她们也故意装作不知道。她们不断虚心请教，总能得到很多意想不到的收获，增长自己的见识。很多时候，知道并不代表正确，或者说，不是唯一正确的答案，懂得装傻的女人才能更接近幸福。

有一个女孩，国外留学归来，专业知识和独立能力都极其了得，被称为才女。但她并不是那种自傲型的女子，她很少显示自己的博学，她更愿意赞美别人比自己强。有时候和朋友一起去逛书店，每次朋友向她推荐一些自认为不错的新书，她都会很欣喜地买下，过几天还特意打电话告诉朋友，“你推荐给我的书，都非常好看，你真是太厉害了。”被一位才女这样夸奖，朋友都不好意思了。结果下次她再邀朋友去书店，她的朋友就会做好准备工作，一定要确保推荐给她的每一本书都是经典，而且一定要符合她的阅读口味，而她也一定不会忘记夸赞朋友一番。

有一天，这个女孩和闺密一起应邀去另一个朋友家做客，主人兴致勃勃地向她们介绍她新学会的法国菜，还不时地讲着这道菜有什么讲究，有什么特色。菜端上来了，味道一般，女孩真诚地夸赞起主人既能干又有厨艺天赋。闺密在一边听着觉得十分奇怪，因为闺密知道，女孩在留学时就做得一手法国菜，主人的这种水平怎么值得她这么夸奖呢？

在回去的路上，闺密问女孩：“你不是会做法国菜吗？而且做得比她要好得多，刚刚为什么不说呢？”

女孩笑了，反问闺密：“今天她邀我们去她家吃饭是为了什么？”

“展示她新学的法国菜啊。”闺密回答。

“既然她的兴致在于展示她费尽心血做的法国菜，如果我告诉她，这种菜我早在3年前就精通了，相比而言，她做的法国菜实在太不正宗了，那她会是什么心情？我们还能像今天这样开心吗？”

以女孩的才干，她有足够炫耀的资本，可是她却总是低调地隐藏自己的才能，真诚地去夸赞别人。她的朋友因此更喜欢和她相处，她的生活是十分幸福开心的。

在感情上，女人也要学会装傻。比起争执，男人更希望被女人肯定，一个懂得在适当的时候“装傻”的女人才是聪明女人。男人同女人一样，也需要安全感，女人的安全感来自丈夫的经济支撑；而男人的安全感则需要从女人的宽容中得到。其实很多东西，争来争去都没有多大意义，既然对生活、工作影响不大，女人为什么不装“傻”一点，夸赞一下男人见解独特而博得他的好感呢？相反，不懂得装“傻”的女人，不知道要在一定领域有所收敛，在她面前男人只会觉得自己没有能力，这样的女人，只会让男人敬而远之。

女人学会装“傻”便是学会掌控幸福，即便你像孙悟空一般火眼金睛，能够看清世间的妖魔鬼怪，也不需要把所有的事情都探究得一清二楚，只要不违背原则，在一些鸡毛蒜皮的小事上糊涂一点，生活也就会更幸福一点！

高情商的女人明白，每个人做任何事情都希望获得别人的肯定，每个人受到夸奖和表扬会高兴也无可厚非。当女人说自己能行的时候，其实是希望获得别人的认可。当别人为自己做了什么，即使自己比对方做得更好，也不要说出来。适当地装“傻”，给别人想要的认可，别人会因此而开心，女人也会得到自己想要的幸福。

高情商的女人心里有数，平时不显山不露水，不会锋芒毕露，她们不会跟别人计较太多，做事也十分沉稳，就像满满的一桶水，十分沉稳。

幸福掌握在女人自己手中

每个女人的幸福命运完全取决于她们面对人生的态度，女人只有积极进取，努力争夺，才可能获得幸福的人生。如果只是一味地等待幸福的降临，而不付出和努力，那也只有一次次地失望甚至是绝望了。

大学毕业，惠进了一家刚刚起步的公司，该公司位于一所著名的写字楼里，惠也算是一个小小的白领了。在这家公司里，惠做得很辛苦，很投入，经常不计报酬地加班，她很快脱颖而出，工作刚满一年，就晋升为项目主管。与此同时，惠远在美国的男友决定回国发展并与其结婚，惠等了5年终于修成正果，众人都为惠感到高兴：婚姻美满，事业顺达。婚后不久惠就怀孕了，而且是双胞胎，医生嘱咐她最好静养保胎，但这在工作繁忙、压力巨大的展览公司里是很难做到的。惠的先生犹豫了："你还很年轻，事业刚刚起步，孩子我们以后还是可以有的。"惠却一脸的坚毅，"不，这是最好的礼物，我能拥有它，就是最大的幸福。"惠义无反顾地辞了工作，生下了可爱的双胞胎儿子。

现在，惠在一家公司里做协调员，毕竟休整了两年，惠只能从头做起。而她以前的公司一跃成为上海著名的跨国公司，以前的同事也大都升为项目经理，职位、薪金比惠要高得多，但惠依旧快快乐乐地工作着、生活着。在新公司里，她以积极的工作态度和工作业绩博得了上司的青睐，家庭也相当和睦。

惠幸福的原因就在于情商给了她一双睿智的眼睛，无论在哪种生活情形下，她都能分清什么是真正的幸福，她把幸福牢牢地握在自己的手里。

其实对于幸福，不同的人有不同的理解，它是人的一种主观感受，没有固定模式。通常情况下，身心的健康，地位的升迁，事业的成功，婚姻的美满，财富的增加，都可以说是幸福的一个方面。高情商的女人能够把握自己的生活节奏，她们理智面对挫折，积极面对工作，正确处理人际关系，把命运牢牢地握在自己手里，她们认为这样是最幸福的。

其实做幸福的女人并不难，难的是不付出努力就妄想掌握自己的命运。

有一个漂亮的女孩，一直梦想着有朝一日自己能当上电视节目主持人。她觉得自己有这方面的才干，她知道如何掏出别人的心里话，朋友们都称她是自己亲密的心理医生。她就读于一所著名的大学，家庭环境也很优越，父亲是著名的工程师，母亲在一所知名的大学任教，他们都很赞同、支持女孩实现自己的理想。于是，女孩见人就说："只要有人愿意给我一次上电视的机会，我相信自己一定会成功，一定能成为出色的主持人。"可是，好几年过去了，奇迹并没有发生。因为现在的节目主管根本没精力和兴趣到处搜寻人才。

女孩的一个初中同学却实现了自己梦寐以求的理想。她也很漂亮，但却没那么优秀。她毕业于南方的一所民办大学，家庭条件很差，无法为女孩提供可靠的经济来源。所以，她白天去给人打工，晚上到大学舞台艺术系进修。一拿到专业毕业证，她便开始谋职，跑遍了全省的电台、电视台，一次又一次碰壁。但她没有退缩，最后被一家很小的广播站录用，在那里她当上了主持人。有一次，省电视台和该小广播站联合录制了一台晚会，省电视台的领导发现了她，让她到省电视台试镜。结果，她被录用了，终于实现了自己到电视台做节目主持人的梦想。

靠人不如靠自己，女人可以不相信其他人，但是一定要相信自己。女人左右不了别人的命运，但是可以把握自己的命运。幸福存在于我们的心灵之中，想要获得幸福，那就从自己身上找。高情商的女人知道，求人不如求己，奢望别人给你幸福，是一种虚妄，是一种愚蠢。如果自己不把幸福抓在手上，那么幸福也就不会属于你。

女人要善于体验现实中的美好事物，把环境中的消极因素压缩到最小，并竭力找出积极因素，让自己变得开心，生活变得丰富又美好。

第4章
女人强大的不是外表，而是充盈的内心

女人的外表是柔弱的，不过，对于那些真正强大的女人而言，强大的不是外表而是内心。一个内心强大的人，才是真正有思想的人。内心强大的女人，不必要色厉内荏，外强中干，甚至可能是外表柔弱，不过，内心坚强。内心强大的女人，一定是有自己坚定信念的人，这种信念不是口头上的，而是发自内心深处的。

逆境中诞生的逆商

从严格意义上说，逆商是情商的一部分，不过由于它在人生事业成功中的特殊地位，美国职业培训师保罗·斯托茨曾提出“逆商”这个概念，在他看来，逆商包括四部分：控制感、起因和责任归属、影响范围及持续时间。控制感是指人们对周围环境的主观控制能力，面对逆境，控制感强的人会尽力改变环境，控制感弱的人只会逆来顺受，听天由命；起因和责任归属是指造成我们陷入逆境的原因，通常具有高逆商的人往往可以清楚地认识到使自己陷入逆境的原因，并愿意承担所有的责任，积极采取有效行动，在跌倒处再爬起来；影响范围是指困境的负面影响对我们的生活的影响面有多大，具备高逆商的人通常能够将某方面逆境所带来的消极影响降至最低限度，他们不会因为工作中的逆境而影响家庭生活；持续时间指我们主观上认为逆境所带来的负面影响所持续的时间，具有高逆商的人会认为逆境只是暂时的，很快就会过去。

赛捏卡曾说：“命运固然令人羡慕，但战胜逆境则令人敬佩。”逆境是人生的舞台，在人生的道路上，有许多逆境设下的陷阱，面对这样的陷阱，有的人认为这是上天赐给自己最好的礼物，会友善地去接受它们，而有的人则认为自己的命运不如别人，面对这些陷阱，他们只会抱怨，最终成为低逆商的人，而那些高逆商者则会友善地对待逆境。对于每一个女人而言，面对逆境，绝不能沉沦下去，而应该积极去面对，把它视为一个人生的舞台，站在上面，我们可以跳出最完美的舞蹈。

查尔斯·布朗从小就生活在一个贫困的家庭，但是，父亲十分支持布朗读书，并把他送到了一所较好的学校。在这所学校里，富家子弟比较多，他们经常喜欢欺负穷人家的孩子，布朗虽然是最穷的学生，但他却是成绩最优异的学生。一次课上，老师正在黑板上写一道题，但一个调皮的学生却在下面捣乱，老师点名批评了那位学生：“要是你能像布朗这样爱学习，你的成绩就不会那么糟糕了！”说完之后，老师请那位捣乱的学生上来做题，大半天他也解答不出来，接着老师又叫布朗上来做，布朗很快就做出来了，老师当着全班学生夸奖了布朗。

不过，就在当天放学后，布朗走出校门没多远就被那几个孩子拦住了，他们不由分说就把布朗按倒在地，对他一阵拳打脚踢，打得他躺在地上不能动弹。其中一个孩子对布朗说道：“谁叫你那么逞能啊，下次再敢逞能就打扁你。”回到家，布朗身上青一块、紫一块，把父母都吓坏了，他们得知事情的真相后异常难过。妈妈心疼地抱着布朗说：“以后不要去上学了。”布朗听了连忙说：“不，我要上学，我要读书！”

后来，父亲把布朗转到了离家较近的一所学校，这所学校里大多数是贫穷人家的孩子，学校环境很差，老师也不按时来上课。但是，这一切都没有阻止布朗学习的决心，他依然如痴如醉地学习。放学后回到家里，他还要自学，家里为了省电晚上舍不得开灯，他就到外面的路灯下学习。贫困的家境和艰苦的学习环境，都不能阻挡布朗学习的决心。在后来的日子里，布朗通过接触《普通化学》迷上了化学，之后他考上了芝加哥大学，并获得了奖学金。大学毕业后，他开始了自己的研究生涯，并于1979年获得了诺贝尔化学奖。

查尔斯·布朗从小在逆境中生长，使得他形成了较高的逆商。在逆境中，他不退缩，最后终于赢得成功。对查尔斯·布朗而言，他是高逆商者中的佼佼者。逆境和逆商是相辅相成的，逆境的存在导致逆商的出现，逆境层次的加深使得逆商或高或低。

在逆境中，我们需要高逆商，才能冲出逆境，走向平顺人生。逆商，好似逆境时的一杯清茶，细细品味，才能品出它的香甜；逆商，好似逆境时的一束鲜花，认真欣赏，才能看到它的美丽；逆商，好似逆境时的一部书籍，用心阅读，才能领悟生命的真谛。

女人的幸福始于逆商

逆商，也就是逆境商数，有时候，我们也称为挫折商或逆境商。逆商是指我们在面对挫折、摆脱困境和超越困难的能力。逆商并不只是衡量我们超越学习挫折的能力，同时，它还是衡量一个人超越任何挫折的能力，诸如生活、命运。在相同的逆境中，逆商高的人所产生的挫折感比较低，而逆商低的人则会产生强烈的挫折感。心理学家认为，一个人事业的成功需要具备高智商、高情商和高逆商，假如彼此的智商相差不大，那么对其事业成功起决定作用的应该是逆商。因此，有效地提升自己的逆商，将为未来的成功奠定基础。

当然，通俗一点说，逆商就是逆流而上的情商指数，就是在情感路上跌倒了再爬起来奔跑的速度。对于女人而言，你拥有什么样的逆商，和你创造出和谐关系的能力成正比。例如，在两性关系中，因为性别差异、生理构造、思维方式的不同，男女之间不可避免地会产生情感纠葛，而女人所具备的逆商指数则决定她会做出什么反应，是抱怨、责骂、悲观绝望，还是豁达、理性、尊重包容。逆商较高的女人，我们可以称为“自愈系女人”，就好像她们的身体系统其实自备了痊愈功能一样，她们的内心世界同样彪悍而强大。甚至，不用向情感专家请教，不用求助于心理咨询师，更不必完全依赖倾诉解压，面对挫折，她们就是自己的主宰。

薛尔德太太住在密歇根州沙支那城，她以前是靠推销《世界百科全书》之类的书籍生活，后来因为有了自己的家庭便辞去了工作，那段日子她虽然不富足，但是过得很安乐。然而很快，她安逸的生活就陷入了苦难。在1937年，她的丈夫死了，她自己几乎身无分文，这令她非常恐慌。那段时间，她的精神极度颓废、崩溃，甚至想过自杀。后来，她给以前的老板奥罗区先生写信，请求他让自己做回以前的工作。于是，她四处借钱凑足了分期付款的钱买了一辆旧车，她又重新开始以推销那些书籍为生。

薛尔德太太希望能够通过繁忙的工作来打消自己的颓废和不安，可是她很快发现这样做不行。毕竟她的丈夫已经不在了，只有她一个人驾车，一个人吃饭，一个人生活，这所有的一切都令她无法承受。而工作也带给她一些困扰，有些地方根本就卖不出去书，所有业绩不太好，虽然她买车的钱不是很多，但是她还是很难凑齐。她整天心情都很沮丧，对生活渐渐失去希望，她甚至绝望得想自杀。

有一天，她读到了一篇文章，文章中的一句话让她活了下来："对一个聪明人来说，每天都是一个新人生。"这句话令她精神振奋，于是，她把这句话打印出来，贴在汽车前面的挡风玻璃上，为了开车时能够看见它。薛尔德太太发现每次只活一天一点都不难。就这样，她摆脱了孤寂和恐慌，她变得很快乐，工作业绩也提高了。

不得不承认，薛尔德太太的逆商较高，属于自愈系女人。薛尔德太太把每一天都看作新生，所有她能够在每一天里忘记过去，不想将来，只关注正在活着的这一天。所以她能够很快摆脱自己一度沮丧的心情，而变得十分快乐，这样自己工作起来也很有精神。不管昨天有多么糟糕，那毕竟已经度过了，新的一天就应该忘记充满痛苦的昨天，带着新的心情开始新的一天。你就会发现，每次只活一天是多么容易的事情。

女人的幸福始于逆商，因为具备了逆商，女人就会：

1. 正视自己的脆弱

每个人都有脆弱的时候，能让我们释放它的地方，一定是让我们觉得最安全的地方。当然，能让我们释放它的人，一定是让我们觉得最安全、最不会厌弃自己的人。具备逆商的女人会正视自己的脆弱不安，当它冲破一切想要出来的时候，压制它会适得其反。而且脆弱的存在并不能证明自己悲观厌世，承认它的存在也不能说明自己的无能可笑。每个人都会遇到这样的时刻，面对它，听听自己内心的声音，一切才会转危为安。

2. 生活有了专注点

村上春树曾说："没有专注力的人生，就仿佛大睁着双眼却什么也看不见。"其实就是这样，当你用放大镜放大自己的情感生活，那些原来可以忽略的不堪甚至丑陋肯定也一同被放大。不过假如把这份专注力转移到其他地方，如工作、兴趣爱好，整个情况就不一样。当你把目光放到那些更值得关注或更弱势的群体身上，就会发现自己的痛苦不过是微不足道的小事。和身边的那些生存境遇比起来，自己的那些恩怨简直是难以启齿的，越是发现自我的渺小，就越对自己宽容。

3. 把烦恼记录下来

有时候，女人感觉郁闷，并不是生活真的出现了问题，可能只是身体系统发出了抗议，我们需要通过这种方式宣泄出来。假如我们冷静下来，想想让自己生气的究竟是什么事情，你可能根本说不出什么理由。因此，与其先发制人，造成两败俱伤，还不如适时收手，把那些烦心的事情写下来。有时候，写着写着就可能觉得好多了，而且写完后至少没那么纠结，等日后再来看这件事，重新梳理自己的情绪，就会发现许多事情就这样迎刃而解了。

每个女人都好像是一台小小的机器，在时光中旅行，偶尔会迷失，偶尔会迷惘，偶尔会悲伤，那么怎样才能在最短的时间内自我修复、重新启程呢？做一个幸福的女人，其实是有秘诀的，那就是幸福始于逆商。

逆商的“四大指标”

心理学家认为，一个人事业成功必须具备高智商、高情商和高逆商三个因素，在智商与别人相差不大的情况下，逆商对一个人的事业成功起着决定性作用。高逆商可以帮助人们产生一流的成绩、生产力、创造力，可以帮助人们保持健康、活力和愉快的心情。逆商，也就是我们经常说的挫折商，指一个人面对逆境承受压力的能力，或承受失败和挫折的能力。同样的打击，高逆商的人产生的挫折感低甚至为零，而低逆商的人就会产生强烈的挫折感，甚至会有天塌下来的感觉。

黄美廉站在台上，她挥舞着自己的双手；仰着头，脖子伸得老长，与她尖尖的下巴扯成一条直线；她的嘴张着，眼睛眯成一条线，诡谲地看着台下的学生。偶尔，她的口中也会支支吾吾的，不知在说些什么。她是一位从小就患有脑性麻痹的患者，脑性麻痹不仅夺去了她肢体的平衡感，也夺走了她发声讲话的能力。从小，她就生活在众多异样的目光之中。她的成长过程，可以说充满了血泪。但是，她却没有让这些外在的痛苦击败她内在奋斗的精神。相反，她昂然面对，勇敢地迎接一切挑战和挫折，终于获得了美国加州大学艺术博士学位。

黄美廉用自己的双手当画笔，用色彩告诉人们“寰宇之力与美”，并且灿烂地“活出生命的色彩”。虽然，她基本上不能说话，但她的听力很好，只要对方猜中，或说出了她的想法，她都会乐得大叫一声，伸出右手，用两个指头指着你；或拍着手，歪歪斜斜地走向你，送你一张她用自己的画制作的明信片。

在一次演讲会准备开始之时，一个学生走上前，小声地问道：“请问黄博士，您从小就长成这个样子，您是怎样看您自己？您难道对命运就没有过怨恨吗？”全场瞬间沉默下来，所有的人心头都一紧。一个残疾人，在大庭广众之下被问及这么尴尬的问题，太伤人了，大家都担心黄美廉会受不了。

“我怎么看自己？”黄美廉用粉笔在黑板上吃力地重重地写下这几个字。写完这个问题，她停下笔来，歪着头，看着发问的同学，然后嫣然一笑，回过头在黑板上龙飞凤舞地写了起来：“一、我好可爱！二、我的腿很长很美！三、爸爸妈妈很爱我！四、上帝很爱我！五、我会画画！我会写稿！六、我有只可爱的猫！七、……”

教室内鸦雀无声，没有人敢讲话。写完这些，她回过头来定定地看着大家，然后又回过头在黑板上写下了她的结论：“我只看我所有的，不看我所没有的。”掌声立即在学生群中响起。看看黄美廉倾斜着身体站在讲台上，满足的笑容从她的嘴角荡漾开来，眼睛眯得更小了，似乎有一种永远都不能被击败的傲然写在她脸上。

有人对“残缺”作了这样的解释：“每个人在降生时，上帝都不舍得放他们走，特别是那些极其优秀的，更像是一颗美丽诱人的苹果，上帝就会情不自禁地咬他们一口——被上帝咬过的，就是那些先天有缺陷的。”对于具备高逆商的黄美廉而言，“残缺”并非不幸，因为伴随残缺而来的还有得天独厚的天赋。如果生活遭遇了不幸，请感谢上天的恩宠，因为你就是那颗优秀的苹果。这样，当你遇到困难或挫折的时候，上天给你的将是比别人更多的垂青与厚爱。看着我们所拥有的，忽略那些我们失去的、欠缺的，心中还有什么怨言呢？

在挫折商的测验中，通常考验以下四个关键因素——控制、归属、延伸和忍耐。控制指的是自己对逆境有多大的控制能力；归属指的是逆境发生的原因和愿意承担责任、改善后果的情况；延伸是对问题影响工作生活其他方面的评估；忍耐指的是认识到问题的持久性以及它对个人的影响会持续多久。

1. 控制

斯托茨认为，人们的控制能力来自其控制感，高逆商的人控制感高，低逆商的人控制感低，就算面临重大挫折，高控制感的人依然相信自己能控制局面，当别人都以为事情毫无起色的时候，高控制感的人总能透过各种消极因素看到积极的、自己可以做主的地方，绝不轻言放弃。

2. 归因

归因，就是分析挫折发生的原因。挫折承受力低的人，经常会把引起挫折的原因归咎于外界，比如，工作条件不好、客户信誉不好、行业不景气、老板不好、自己运气不好等，经常抱怨导致意志消沉，工作质量也不高，高逆商的人会主动承担责任，相信自己一定能改善局面。

挫折必然有外部原因和内部原因，不过进行外部归因往往于事无补，因为外部环境不容易改变，容易改变的是我们自己。进行自我归因尽管会给自己太多的压力，但是这种压力会帮助我们寻找自己的弱点，然后进行改善；而外部归因的人，则会说"这不是我的错"，从而放弃改善自我。

3. 延伸

延伸，指的是会不会自动将一个挫折的恶果延伸到其他方面。高逆商的人，他们将挫折的恶果限制在特定范围，不让它影响自己的其他方面。低逆商的人，遭遇一个挫折事件，很容易产生"天塌下来"的感觉，从而觉得一切都糟透了。有的人会因为一个挫折事件而全面否定自己，自己一方面不行，就觉得自己每样都不如人。如此一来，挫折就好像禽流感一样蔓延到自己生活和工作中的方方面面，因一点小挫折而否定自己的一切。

4. 耐力

耐力，就是逆境会持续多久。高度的耐力是高逆商的人最显著的特点，他们会把逆境看成暂时的。斯托茨所说的耐力，指的是高逆商的人富有智慧的忍耐，是基于希望和乐观主义的忍耐。

对于每一个处于高度交往的社会当中的人而言，忍耐是人们在成功道路上的平衡器，缺乏忍耐力是对人们的发展与成功最具破坏力的缺点之一，会毁掉我们的事业、生活和爱情。在生活中，我们都可能会遇到不公平的事情，与其毫无意义地感慨，还不如用时间和实力证明自己的才华，在这样的时刻，我们无须申辩，只需保持沉默，忍耐、忍耐、再忍耐，然后做自己应该做的事情，让时间来验证你最后的成功。

客观世界不总是十全十美的，抱怨是解决不了任何问题的。毕竟，改变自己要比改变世界容易，不如先从自己身上找原因，先从自己改变。当你坚持这样做的话，有一天你会发现，这个世界也在改变。

为什么女人的心理承受力越来越弱

现代社会，为什么女人的心理承受力越来越弱？其实，女性之所以心理健康问题多发，多是因为心理亚健康、心理承受能力比较差。毕竟，女性的社会承受能力相比男性差一些，属于弱势群体。面对社会压力、工作压力和生活压力，假如没办法处理得当，感觉无法承受的时候，就会出现情绪障碍，从而导致心理健康水平降低。

就女性心理问题的发病原因而言，不同的年龄阶段有不同的社会心理问题。比如在青年阶段，家庭压力、学习压力和升学压力对青年期焦虑情绪影响显著。对青年而言，就业问题、工作压力、竞争性增强、人际关系、经济压力或是自身的攀比心理、完美倾向等，都会对心理健康产生影响。在女人更年期的时候，影响因素包括家庭负担、子女问题、生活压力不断增大、内分泌变化等。老年女性，尤其是对于那些丧偶和离异的女人而言，发病率比较高，而且家庭地位的变化会给老年女性的心理带来负担。

实际上，女性在工作和生活中，比男性承受了更多的压力，这些压力容易导致女性陷入烦恼与不快之中，往往产生很大的心理负担和问题。就女性本身特质而言，她们比较敏感，情绪容易纠结，对一些问题的看法容易产生不良暗示的个体特征导致女性容易产生心理压力。此外，对于职业女性而言，不仅需要做好本职工作，与男人一样承受繁重的工作压力，同时还要承担家庭负担，抚养教育孩子。当然，这意味着影响女性心理的压力和刺激源相对较多，所以，现代女人的心理承受能力越来越弱。不过，这并不表示每个女人都愿意屈服于现实生活。

乔丽是报社的一名记者，最近她接到了一份特殊的采访任务。当她拿到被采访者的资料时，她不禁有些难过，这是一个怎样的女人：丈夫早些年得重病去世了，欠下了大笔的债务，家里有两个孩子，其中一个是残疾。女人只是一家小型工厂里的工人，靠着微薄的薪水养着整个家，还需要她还债。她一下午都坐在家里，心想：她家里不知道是什么样子？女人和孩子都蓬头垢面，满脸悲苦，又黑又潮的小屋里没有一点鲜活的色彩，自己去了，也许只会不断地听到哭诉。

那个周末，乔丽满怀深情，按照地址找到那个女人居住的地方。当她站在门口，有些不敢相信自己的眼睛，她甚至怀疑自己找错了地方，于是又向女主人核实了一遍。确认无误之后，她开始重新打量这个家：整个屋子干干净净，有用纸做的漂亮门帘，墙上还贴着孩子上学获得的奖状，灶台上只放着油、盐两种调味品，但却把罐子擦得干干净净，女人脸上的笑容就像她的房间一样明朗。乔丽坐在用报纸垫着的凳子上，热情的女人为她拿来了拖鞋，乔丽看见那鞋居然是用旧的解放鞋的鞋底做的，再用旧毛线织出带有美丽图案的鞋帮。

女人也一起坐下来，乔丽不禁有些好奇她是怎么把这个家打理得这样舒适的，女人一边干着活，一边微笑着说：家里的冰箱、洗衣机都是隔壁邻居淘汰送给自己的，其实用着也蛮好的；工厂里的老板同事也都很照顾自己，还会让自己把饭菜带回来给孩子吃；孩子们也很懂事，做完了一天的功课还会帮忙干家务活……

乔丽听着听着，眼睛有些湿润了，这并不是同情，而是一种赞叹，赞叹女人的坚强，更赞叹女人的乐观。

高逆商的女人只是用自己微薄的薪水就创造了一个干净温馨的家，其实，生活中真的会有很多不如意的事情发生，不管你愿不愿意接受，它们都会来。我们需要做的就是改变所能改变的，接受那些不能改变的。当你总是怀着乐观的心态去面对生活的时候，你会惊讶地发现，事情并没有想象的那么糟糕，无论多么大的困难与挫折，都不足以毁灭我们心中的希望。只要心中有梦，希望就在，而我们会发现世界竟是那么美好，生活处处充满了阳光。

当女性朋友感觉自己出现情绪障碍的时候，可以先进行自我调节、自我减压，必要的时候可以到专业机构进行心理疏导，在医生的指导下，通过服用药物改善情绪。

逆商，属于女人的正能量

逆商，属于女人的正能量。面对逆境，假如选择了放弃，也就选择了失败。在人生的旅途中，一些人尽管也曾努力过，不过收效甚微，这是因为在前进的旅途中遭遇了困难，看起来毫无结果的征途使得她们厌倦了，于是就会停下来，寻找一个避风的港湾，在那里躲避风浪。要知道，没有什么比半途而废地放弃和丧失希望对未来威胁更大了，放弃和丧失希望不但不能解决现实存在的问题，而且还会让我们在未来陷入更大的困境之中。而逆商则会给予女人超强的正能量，促使女人摆脱困境，赢得幸福与快乐。

有一个小女孩，很小的时候，她的父亲就抛弃了她和母亲。坚强的母亲将女儿送进一家舞蹈学校，尽管学费昂贵，不过这并未吓倒母亲，她四处打工挣钱。7 岁的女儿看着疲惫的母亲，经常忍不住流泪。

有一天，女儿对舞蹈老师说：“我想退学，我实在不想让母亲为我这样操劳。”老师问：“假如你退学，你觉得你母亲会开心吗？”女孩回答说：“至少我可以让她过得轻松些。”老师又问：“你知道你母亲最大的心愿是什么吗？”女孩回答说：“她希望我成为舞蹈家。”老师说：“记住，只有实现了愿望的人才能变得开心，你必须好好学习才能了却你母亲的心愿。”

女孩从母亲的行动和老师的言语中受到了无穷的鼓舞，她比别的孩子更加勤奋，吃的苦也比别的孩子多，几年之后，她成为最出色的学员，并开始登台演出。不过，当女孩长得亭亭玉立时，身体却出了毛病：骨形不正，腰椎突出。这对于一个舞蹈演员而言无疑是沉重的打击，是退缩还是坚持呢？女孩选择了坚持，女孩在身上装了一个矫正器，忍受着痛苦的折磨，继续自己的舞蹈生涯，结果女孩的努力没有白费，国家舞蹈团选中了她。

现在这个女孩已经成为世界著名的舞蹈家，她就是佛拉门戈舞皇后，西班牙国家舞蹈团的阿伊达·戈麦斯。就在女孩来中国巡演的时候，记者问她：“面对病痛与磨难，你是如何理解人生的？”阿伊达说：“在我眼里，除了战争和死亡，别的都不能叫不幸，活着就像在跳舞，一个有梦并愿为此追求一生的人，没有什么东西能阻挡她。”

对阿伊达·戈麦斯而言，逆商就是她不断完善自己的正能量。美国的《成功》杂志每年都会报道当年最伟大的东山再起者和创业者。在追求成功的道路上，很多人缺乏正确面对逆境的态度，他们知难而退，他们拒绝一切机会，忽略、掩盖甚至放弃人类内在的追求进步的本能要求，以及生活赐予的很多东西。生命蕴藏着巨大的潜能，在逆境中愤然崛起也是其中一项，不能面对逆境的人就是忽略了生命中具备这种潜能的人，也就是低逆商的人。

我们对逆境并不陌生，我们总是在不断地遭遇和克服无穷无尽的逆境中度过，假如缺乏逆商，那就会深陷逆境而无法自拔。很多人之所以取得成功与进步，并不是因为他们经历的逆境少，而是通过逆商获取了正能量，在逆境、困难的磨炼中成长起来。

逆境中展露女性风采

每个人的人生总不可能一帆风顺，在路途中，难免会遭遇一些困难与挫折，使自己陷入逆境之中。例如，一夜之间失去了最亲的人，工作进入了低谷时期，情感上遭遇了变故，被最好的朋友出卖了，等等。作为一个女人，如果遭遇了其中的某一件，都会令自己痛苦不堪。但是，不同的女人面对逆境时有着不同的心态。有的女人遇到一点不如意的小事，就处处抱怨，沉浸在痛苦之中，失去了生活的勇气，丢失了自信，从此一蹶不振；而拥有高情商的女人则相反，她们把每一次失败都当作尝试，即使身处逆境，她们一样笑得灿烂，风采依旧。不同的心态决定了她们不同的结局。很久之后，前者越来越落魄，几乎到了生命的尽头；而后者则一脸阳光，坦然走在通向成功的路上，活得越来越精彩。相信每一个女人都愿意做后者，不愿意向命运低头。所以，从现在开始，培养一份坚韧的意志，即使自己处于逆境之中，也依然风采迷人。

女人，你的名字并不是弱者，所以，你依然可以成为生活中的强者。也许你的生活并不富裕，也许你正处于困境中，也许你被爱人抛弃了，也许你现在丢失了工作……但无论你处于什么样的境地，都要学会微笑面对逆境，昂头挺胸，从容不迫地生活。每个人心中都有一片蓝天，只要你努力地支撑起这片蓝天，任何逆境都打击不了你。因为，内心的强大才是真正的强大，请你对生活少一份失望，多一份憧憬；少一份烦恼，多一份快乐；少一份焦虑，多一份希望。越是身处逆境，越要活得精彩，即便现在你正处于人生的最低谷，你展现给人们的依然是迷人的风采和微笑。

女人，你要明白身处逆境算不了什么，我们完全可以把逆境当作人生的第一堂课。当你在逆境中遭受了挫折，这比在顺境中唾手可得的成功更能磨炼出坚强的个性，那绝对是最珍贵的财富。逆境与顺境并没有明确的分界线，有时候，虽然你身处逆境，但如果你能化困难为动力，自我激励，跨越障碍，就能实现逆境向顺境的成功转变。

第5章

做一个坚强的女子，不畏将来不念过去

很多时候，我们会觉得别人瞧不起我们。其实，并非是别人瞧不起我们，而是我们没有足够的自信面对自己。生活中，任何人都无法打败我们，只要我们挺起胸膛，昂然屹立于人世间。如果你的内心是蜷缩的，那就赶快舒展开吧。只有这样，你才能傲视一切。

你的快乐来自心底

生活中，很多人都曾经很苦闷，心情烦躁，甚至对一切感到绝望。在这种情况下，即使我们身处世界上最美丽的地方，穿着最漂亮的华服，吃着最美味可口的食物，也依然会食不知味，无心欣赏美丽的景色。其实，一旦我们的内心感到焦虑，即使外界环境再怎么美好，也很难有所改观。与此相反，如果我们心情很愉悦，那么即使我们置身于恶劣的环境里，吃着粗茶淡饭，穿着衣不蔽体，我们也依然会觉得很快乐，甚至感到自己恍若置身于天堂。由此可见，一个人是否开心并非取决于他所处的外在环境，而取决于他的内心。对于大多数人而言，快乐不是别人给的，而是自己内心的感受。快乐只能源自我们内心的清泉，别的没有来源。只有快乐的女人才会有魅力，试问，谁愿意面对一个愁眉苦脸的女人呢？快乐的女人就像有魔力一般，能够感染身边的人，把快乐的种子撒遍大地。由此我们可以说，魅力也同样来自我们的心底。只有快乐的女人，才真正有魅力。

从本质上说，快乐是很简单的。只要觉得快乐，你就会很快乐。然而，在生活之中，我们总是犯一个毛病，即给快乐制定很多条条框框。我们总是有意无意地说，如果怎么怎么样，我就一定会很快乐。其实，一旦你这么说了，你就会发现，即使你真的实现了自己的愿望，因为过度地憧憬与渴望，你已经不可能得到预期的快乐了。

戴妮是一个很漂亮的女孩子。她在一家公司当文秘，每天都过着朝九晚五的生活。自从看了同事在马尔代夫拍的婚纱照之后，戴妮就一直梦想着能去马尔代夫度假。她总是对大家说："如果我能去马尔代夫，即使只去几天，我也会高兴坏的！"从她日复一日的渴望中，大家都觉得戴妮最大的梦想就是去马尔代夫。终于，戴妮的男友决定带她去马尔代夫旅游。整整几个月，戴妮日盼夜盼，终于盼到了出发的日子。

一个星期之后，戴妮回来了。同事们全都围着她问长问短，想不到，戴妮却遗憾地说："很久以来，我始终都梦想着能去马尔代夫。原本，我以为自己只要踏上马尔代夫的土地，就会被兴奋冲昏头脑。但是，其实马尔代夫远远没有我心里所想的那么美。那么特别热，炎热的沙滩上，我的皮肤都被晒爆了。说真的，我甚至有些失望。我们只有早晨和傍晚才去海边，中午只能待在闷热的旅馆里，连门都不敢出。最讨厌的是我的男友，在那么一个浪漫的地方，他非但提不起兴致和我谈情说爱，反而埋怨我选择了这样一个地方旅游。总之，一切都糟蹋了，我都快疯了。我也很懊恼，要是我们去的是四川九寨沟，一定能够欣赏到人间仙境的美景！"

可以想象，即使戴妮没有去马尔代夫，而是去了四川九寨沟，她也依然会牢骚满腹。很多时候，我们从旅游的过程中得到快乐，并非因为我们去的旅游胜地多么美丽，而是因为我们的心境使我们感到快乐。如果一个人从内心不快乐，即使他去了天堂，也会满是抱怨。

很多时候，快乐取决于我们对生活的期望。生活是琐碎的，所以，我们有着无数的期望。小的期望是希望天气晴朗，不要下雨，不要刮风，大的期望是希望自己能够升职加薪，一辈子衣食无忧。还有人期望获得爱情，期望家人平安……总之，人的期望实在是太多太多了。期望越多，越迫切，一旦期望得不到满足，人们就会觉得很失望。或者是期望得到满足之后没有达到自己的预期，我们就会觉得很失落。因此，获得快乐的唯一办法就是降低自己的期望，对一切都抱着顺其自然的心态。只有时刻保持着满足的心态，我们的生活才能得到更多的满足。其实，生活不是必须完美地呈现，生活中也没有那么多不开心的理由，如果我们能够试着使自己的快乐脱离外界环境的束缚，我们就能够得到发自心底的快乐。

别为打翻的牛奶哭泣

生活中有很多值得我们珍惜的事情或者事物。一旦这些事情被我们不小心搞砸了，或者那些珍贵的东西因为我们的不小心而丢失了，我们就会怅然若失，甚至懊悔不已。我们沉浸在自责的情绪中，不停地祈祷着一切能够重新来过。其实，每个人都知道时间不会倒流，世界上更没有后悔药可以吃。所以，我们应该学会放下，放下那些曾经的失意，还要学会忘记，把那些值得我们珍藏现在已经失去的东西埋在心底。

生活中只有三天，昨天、今天和明天。昨天已经成为无法更改的历史，明天还在遥远的不可知的未来，只有今天，是我们真正握在手掌里的。珍惜今天吧，只有把握住今天，你才能把握命运。

这就像一杯被打翻的牛奶，不管当事人怎么懊悔，牛奶都无法再回到玻璃杯中。正像很多事情一旦成为板上钉钉的事实，不管你怎么哀叹，都无法改变事情的结果了。有智慧的人从来不会因为打翻的牛奶哭泣，他们做的是把握好此刻，活在当下。

几千年前，东汉大臣孟敏家境贫穷，食不果腹。为了维持生计，他不得不挑着甑沿街叫卖。一次，他不小心把担子掉在地上，转眼之间，所有的甑都被摔碎了。要知道，那可是他所有的家当啊。原本，人们以为他一定会痛心疾首、扼腕叹息。出人意料的是，孟敏毫不犹豫地掉头离开了。有与他相熟的人追上去问他："孟敏，你发财了吗？这么多甑摔碎了你都不心疼。"孟敏说："我这么穷，哪里来的财发呢？"人们还是不解，问："那你怎么一点儿都不心疼呢？”孟敏继续回答道：“我心疼如何，不心疼又如何？那些甑已经摔碎了，即使我再怎么心疼，它们也不会复原。既然如此，我的心疼还有什么意义呢？”听了孟敏的话，人们恍然大悟。是啊，甑既然已经摔坏了，心疼也无法使他复原，那么心疼还有什么意义呢？与其痛哭流涕，不如赶紧想办法找寻别的活路。

60多岁的布斯·塔金顿曾经说：“我能接受命运安排的一切，除了失明。”然而，命运似乎想考验他，他真的失明了。面对这件自己无法接受的事情，大家都以为他会歇斯底里，但是，他的态度却出乎所有人的意料。有时，他甚至会拿自己的病痛开玩笑。在彻底失明之前，他常常因为眼前浮动的“黑斑”担忧不已，如今，他却说：“哈哈，今天天气晴朗，老黑斑爷爷却出来了。他这是想去哪里串门呢？”失明之后，他才发现自己能够像承受其他任何事情一样忍受失去视力的现实，就算所有的感觉器官都不能用了，只要还能够思考，他就自信还能很好地生活。

孟敏的心态无疑很好。他是一个有大智慧的人，能够在得失之间找到平衡点，想明白很多人终其一生也无法悟透的道理。人生中有太多的东西值得我们珍惜拥有，即便如此，我们也未必能够永远地拥有。当事实无法改变的时候，我们与其扼腕叹息，不如学会淡然地放弃，去追寻更加美好的未来。

为了恢复视力，在短短一年的时间里，布斯·塔金顿做了12次眼科手术。人们难以想象他的勇敢。他就像一个开心果，即使住在病房里，也总是想尽办法使人开心。尽管始终在黑暗的禁锢中，他却非常乐观，从来不徒增烦恼。正是因为他的乐观和豁达，他才能够始终拥抱生命。

生活既有幸运，也有不幸；既有满足，也有无奈。每个人在生活中都会遭遇各种不幸和灾难，如果能够坦然地面对，我们就不会感到绝望，而是始终充满希望。人生需要的不是逃避，而是面对，勇敢地面对。我们常常自以为脆弱，实际上，我们是无比坚强的。只要学会面对，我们就能坦然地接受和战胜一切。

生活是一面镜子，心态决定一切

生活中，常常有人抱怨，有人不满，却很少有知足的人。细心的人会发现，人们越是抱怨，生活就越是不如意。而那些知足常乐的人，不管什么时候，都是笑呵呵的。其实，生活就是一面镜子，你要是想从生活那里得到笑脸，你就要对着他笑。你要是给它以哭脸，它就会回报你哭脸。看到这里，聪明人肯定知道自己应该怎么做了。即你想从生活的镜子中看到怎样的面孔，你就应该以怎样的面孔对待生活。不管什么时候，一味地抱怨是不能改变生活的，只有积极乐观地笑对生活，生活才会馈赠予你。

如果你是一个脑力劳动者，那么每天都端坐在办公室里对着电脑，你一定会觉得十分疲劳。其实，并不是工作超量使你感到疲劳，而是你的工作量根本不够，所以你显得疲惫不堪。举例而言，每到忙碌的周一，总是有很多工作等着你去处理。当你正准备把这些乱无头绪的工作一一完成时，又总是有一些突发状况需要你应对。所以，整个上午，你非但没有完成计划的工作，反而把大量时间和精力用于处理突发问题。到了下午，当你回家之后，你会觉得头痛欲裂、精疲力竭，甚至觉得很沮丧，连话都不想说。假如情况发生了变化，既没有突发状况，你按照原计划完成了自己所有的工作，而且还有闲暇，能在下班之前悠闲地喝一杯咖啡。那么，当你下班时，你一定觉得神清气爽，很有成就感。晚上，你甚至还有兴致陪伴家人看一场电影，或者进行晚餐后的散步。难道第一种情况下做了更多的工作吗？还是第二种情况下你很轻松？事实恰恰相反。第一种情况下，你明明没做什么工作，却很疲劳；第二种情况下，你做了大量的工作，甚至还承担了额外的工作，却精神抖擞。从这件事情中我们不难得出一个结论，即并非是工作本身使我们感到劳累，而是紧张恶劣的坏情绪使我们倍感疲劳。所以，我们只有调整好自己的情绪，才能把疲劳从我们的工作和生活中赶走，才能使我们积极乐观地面对生活和工作。

其实，不仅仅是工作，生活中的很多方面都可以被改变，只要我们改变自己的心态。面对生活，只要我们能够改变自己的心态，我们就能变被动为主动，最终改变生活。当然，人非圣贤，不可能始终保持积极乐观的心态。在这种情况下，我们就要学会适时放松，调节自己的情绪。中国有句古话叫作“磨刀不误砍柴工”，说的就是这个道理。生活中，很多人总是把自己心里的弦紧紧地绷着，从不放松，殊不知，这样做非但无法使我们一直保持最好的状态，还有可能使我们的状态变得越来越糟糕。人是需要休息的，精神也需要放松。只有学会调节自己，我们才能始终神采奕奕、精力充沛、精神愉悦。

法国雕塑大师罗丹曾经说过，生活中并不缺少美，而是缺少发现美的眼睛。我们要说，生活就是一面镜子，你在镜子里看到的永远都是自己的影像和你对待生活的态度。

不做欲望的奴隶

生活中，每个人都有欲望，只不过，有人是欲望的主人，而有人则是欲望的奴隶。面对这个繁华的花花世界，很多人在欲望的海里沉沦，无法上岸。正是因为如此，他们才会离快乐越来越远，生活也渐渐成为不见光明的一片暗黑。所以，我们应该牢牢记住一句话，即“贪婪就像糖果，虽然美味，能够让你感到一时的甜蜜，却会蛀蚀你的牙齿，让你的快乐渐渐消逝”。

毫无疑问，贪婪是这个世界上最可怕的慢性毒药，总是在不知不觉中蛀蚀人们的心灵，使人们的心变成欲望的深渊。如果你允许贪婪驻扎在你的心里，你就永远与快乐隔绝了。一个人如果贪婪，就会产生无数无法满足的欲望，并且被其驱使着去追求永无止境的东西。在贪婪之心的驱使下，人们变得不知疲倦，从不满足。如果女性朋友被贪婪所奴役，就会在生活的道路上满怀绝望。所以，聪明的女人会控制自己的欲望，使自己远离贪婪的魔爪。

在现实生活中，很多人都像这些饿鬼一般。面对着自己深切想得到却又苦苦得不到的，他们承担着莫大的痛苦。然而，在这种情况下，我们唯一能做的不是抱怨，而是反思自己是否索求无度。我们应该把自己的欲望控制在合理范围内，成为欲望的主人，而不是被欲望驱使着生活，成为欲望的奴隶。只有这样，我们才能快乐地生活。

在无边无际的大沙漠中，很多人都去淘金。有一群人在历经千辛万苦之中终于找到了金矿，他们欣喜若狂，赶紧把金子都装进了自己的口袋中。回程的路上，几乎每个人的行囊中都装满了沉甸甸的金子。刚开始的时候，他们怀揣着狂喜，恨不得马上回到家里享受富裕的生活。然而，经过一天的长途旅行之后，他们一个个都累得气喘吁吁，疲惫不堪。第二天，几乎每个人都步履维艰。眼看着走出沙漠的路途还很遥远，他们不由得开始绝望起来。这时，只有一个人轻松地走着。同行的人们看到他如此愉悦，都问他为什么不感到累。这个人的回答很简单，他说："因为我仅拿了够用的金子。"

在黄金面前，人们贪婪的本性显露无疑。每个人都争先恐后地拿金子，生怕自己拿得少了。然而，他们却没有想到如此沉重的金子会影响他们在沙漠中行进的速度，甚至危及他们的生命。仅拿了够用的金子的那个人无疑是明智的，他知道，只有走出沙漠，拿到的金子才能改善他的生活。很多人被欲望拖累，以至于无法达到生命旅程的终点。

很多时候，贪婪并不仅仅限于物质，而是指人们对于某种事物永远持不满足的态度。例如，有的人争名，有的人求利。人生而自由，然而，贪婪却使我们失去自由，成为被欲望驱使的奴隶。要想永远地拥有自由，我们就要控制自己的欲望，得到真正的快乐。聪明的女人知道驾驭自己的欲望，使自己成为欲望的主人，及至真正地主宰人生。

告诉自己“没关系”

生活中，有很多人在乎很多事情，小到柴、米、油、盐、酱、醋、茶，大到金钱、名利、官位，等等。其实，当我们为了这些身外之物熙熙攘攘的时候，真正重要的是我们对其视若无睹的生命。我们之所以对生命视若无睹，并非是因为觉得生命不重要，而是因为生命就那么存在着，使人忘记了它的存在是多么重要。一旦我们的生命受到威胁，一旦我们失去宝贵的健康，我们才会猛然意识到，没有健康作为1，其他一切的0都是没有意义的。意识到这一点，我们才会醒悟，和生命比起来，一切都无所谓。所以，女性朋友们，请告诉自己“没关系”。的确，真的是没关系。失恋了没关系，天涯何处无芳草；大学没考上没关系，条条大路通罗马；婚姻不幸福没关系，好好经营就好，或者离婚也能开始新的生活。当然，我们这里并非是主张离婚，因为婚姻就像是我们的身体一样容易有小灾小病的，有病就要积极治疗，治好了比什么都强，不能一有不满意就放弃。有谁敢说自己的婚姻是十全十美的呢？谁又敢说自己的人生是十全十美的呢？和自己的生命比起来，我们几乎可以接受一切的不完美。

一次上课，一位教授告诉同学们：“同学们，走过了风风雨雨的人生，如今，我把自己从人生中提炼出来的三字箴言送给每一个学生。这三字箴言非常有效，对于我们的人生有着很大的益处。每当你遭遇人生困境的时候，它不仅能使你们心境平和，而且将对你们的学习和生活产生非常大的帮助。”听到这里，坐在下面的同学都窃窃私语，怎样的三个字居然有如此大的魔力呢？怎样的三个字居然能对人生的种种境遇都有神奇的作用呢？教授似乎看穿了同学们的心思，只见他不紧不慢地说：“这三个字就是：‘没关系’。”是的，一切都没关系。如果你能时时这样对自己说，你就会看淡人生的起起落落。

在人的一生之中，的确有些事情是对我们至关重要的。例如，价值、荣誉和存在的意义。但是，与心情的平和与人生的快乐比起来，有更多的事情是不值得计较的，是我们完全可以以“没关系”应对过去的。换言之，很多事情并没有我们想象得那么重要。假如每个人都能深刻地记住这一点，人生将会拥有更多的幸福与快乐，而少了很多无谓的烦恼与忧愁！

希望还是绝望，你说了算

记得有这样一个寓言故事：

一个富商有两个儿子，大儿子天生悲观，似乎这世上从没什么事能使他开心快乐；而小儿子却恰恰相反，他一天到晚都乐呵呵的，似乎从来没有为什么事而烦恼过。为了让两个儿子调整一下个性，以便更好地适应社会，富商送给了大儿子满满一屋子高级玩具，而送给小儿子的却是满满一屋子的马粪。然而当富商分别推开两间房门时，他却看到了迥然不同的情景：只见大儿子满脸悲伤地坐在一大堆玩具中间，看见父亲，竟然哭起来了。问他为什么，他说：“这么精美的玩具，要是玩坏了怎么办？”而另一个房间里，小儿子却兴高采烈地在马粪堆里掏着什么，问他，他开心地说：“爸爸，我想这里面一定藏着一只小马驹！”

这就是悲观者与乐观者最大的差别。生活都是一样的，各人有各人的幸福，各人也有各人的不幸，但不同的是每个人对待生活的态度，态度不同，心情自然大不相同。就如同面对半杯水，乐观的人会说："太好了，再来半杯水，杯子就满了。"而悲观的人却说："太糟了，只剩下半杯水了，杯子马上就要空了。"乐观者看到的是希望，而悲观者看到的却是绝望；希望还是绝望，完全取决于你的态度和看问题的角度。

一个女人跟随当兵的丈夫来到沙漠驻地，白天，丈夫外出训练，女人一个人待在闷热的铁皮房中。周围除了沙漠就是仙人掌，邻居们也都是不会讲英文的印第安人，女人连个交流的人都没有。很快，女人就受不了恶劣的气候和难耐的寂寞，写信给自己的父母，请求他们将自己带回城市。

不久，父亲的回信寄到了，只有简短的几行字，上面写着："两个犯人从牢房的铁窗往外望，一个看到的是泥土，而另一个看到的却是星星。"

父亲的话如同醍醐灌顶，令女人豁然开朗。从此后，她满怀着热情和希望投入到生活中去。她跟当地人学习印第安语，并教他们学习英语；她开始研究沙漠里的神奇物种，并收获颇丰；她和当地的人们交朋友，当他们将舍不得卖给客人的手工艺毯和陶器却无偿地送给她时，她的心被深深地感动了；她还和当地的孩子们到沙漠中寻宝——那几万年前当沙漠还是一片海洋时遗留下来的海螺和贝壳……

女人爱上了沙漠，也爱上了沙漠中的人们，原本难以忍受的生活如今变成了难言的快乐和幸福。丈夫惊异于她的变化，而她则将自己的这段经历写下来，并出版了一本书，书名就叫作《快乐城堡》。

原来改变就在一念之间，有时我们无法改变生活，但是我们可以改变自己。沙漠还是那片沙漠，但是由于女人对待它的态度不同，所以她就有了两种截然不同的生活。可见，事物的本身并没有悲乐，但人们感受事物的内心却有着悲观和乐观之分。悲观还是乐观，绝望还是希望，完全在于你的心态。人生就是如此，即便面临更多的无奈和困苦，只要保持一颗乐观的心、积极向上的态度，就能扭转命运、改变人生。就如德国哲学家叔本华所说的那样："生命的幸福与困厄，不在于降临的事情本事是苦是乐，而要看我们如何面对这些事。"

每个女人在一生中都会遇到种种不如意，有的女人被不如意击垮，从此怨天尤人。甚至自暴自弃，而有的女人却从不放弃希望，她们总是笑着面对生活给予的磨难，并将之当作一种难得的阅历和财富，令自己在挫折和磨难中更加从容、更加睿智。不言而喻，后一种女人更令人愉悦，也更令人敬重。生活就像一扇门，有人为门内的黑暗枯燥而悲观绝望，而有人却为门内的宁静祥和而乐观向往。不难想见，当这两种人走进门内后，他们的生活和境遇必定是截然不同的，无他，唯心态不同耳。

心理学上有一个很著名的现象叫作"自我实现预言"：假如我们对未来充满希望，预见的是美满和幸福，那么内心的力量就会推动我们向预期的方向去发展；反之，假如我们对未来的态度是悲观绝望的，并预见的是不幸和痛苦，那么也会有一种看不见的力量将我们拉入绝望的深渊。所以，女人要记住：任何一个人的人生都是自己推动的结果，因此，希望还是绝望，自己说了算。

第6章
做一个明智的女子，早点看透生活的本质

很多女人，多年以来对于爱情、家庭、事业等各方面都是全力以赴，也都煞费苦心。然而，大大小小的结果，似乎都不美妙，也不理想。

这是不是因为她们的努力不够，而是因为她们的眼光只看到身边的一点点大的地方，为忙碌而忙碌，许多人生的关键期，都糊里糊涂地过去了。我们看重过程，也看重结果，抓住生活的重心，才能使你的努力产生与之对应的价值。

女人的价值观是通向幸福的桥梁

有句话叫作“下等人认命，中等人知命，上等人造命”，每个女人会得到怎样的生活和命运，不靠生辰八字，不靠出身背景，种什么样的因，就会结什么样的果。

有很多年轻的女人，也是努力工作、认真生活，按说是应该得到命运的好的回馈，但是她们只是日复一日地奔波劳碌着，从单纯可爱的美少女，慢慢变成了皮肤不再光润、眼睛不再闪亮的中年女性，却依然是拿自己的时间和精力换生活，没有什么属于自己的东西可以牢牢地捧在手心里。

她们的错误在于，眼光只看到身边的一点点大的地方，为饥饿而吃饭，为漂亮而穿衣，为了感觉而恋爱，为了薪水而工作。在许多人生的关键期，都糊里糊涂地过去了。

对于一个女人来说，拥有一个聪慧的头脑，看到自己的长远利益而做出正确的选择，才是获得好命的关键。

女人的一生要面临无数次的选择，有一些是小选择，比如买什么样的衣服，周末到哪里去玩，这样的选择对你的人生构不成重大的影响。但还是有一些选择相当重要，做一份什么样的工作，和什么样的人结婚，这些选择很大程度上决定了一个女人的一生，它们都是具有转折性质的关键点，走好了，一生都会很顺利，选择不好，可能要走许多的弯路。

在女人自己挣钱买花戴的今天，你的事业运其实就是你的命运的重要组成部分，事业做得好，即使不能赚大钱，起码也可以保证衣食无忧，过上一种安定的生活；在与爱人的关系中，职业女性也从容得多，前进一步可以和他比翼双飞，后退一步可以很好地照顾自己，就无须为了生活的理由委屈自己。所以不管怎么说，你要把事业当成一生的大事来经营，把获得“可持续发展”作为最高目标。

有两个女人，毕业后应聘到同一家公司做行政工作。她们都算是可造之材，两年之后，处理起各种业务来已经游刃有余。这时候，第一个女人打听到同行业、同职位的工资水平，要比自己的公司高出两成，于是，她有了些想法。在出色地完成了一个宣传项目之后，她找到上司要求加薪，被与公司制度不合拒绝了。她心里很不服气，私下里找到另一位女人，鼓动她共同跳槽。第二位女人摇摇头，提示她多比较一下不同公司的实力、背景、人员素质、发展空间后再做决定。但是第一位女人决心已定，不顾上司挽留选择了离开。

几年之后，两人再见面时，第一位女人说她如今已经跳了三次槽，现在能拿5000元的月薪。可她并不知道，她走后公司刚好有个外派机会。第二个女人到美国学习培训了半年，回来后素质有了很大的提高，早已被提升为部门经理，年薪达到10多万。

工作是为了赚钱，这是谁也不能否认的事实。但是，赚钱并不是工作的唯一目的，一个人如果只为薪水而工作，没有更高远的目标，并不是好的人生选择。一个以薪水为个人奋斗目标的女人是无法走出平庸的生活模式的，也从来不会有真正的成就感。虽然工资应该成为工作目的之一，但是从工作中能真正获得的更多的东西却不是装在信封中的钞票。

试着请教那些事业成功的人士，他们在没有优厚金钱的回报下，是否还继续从事自己的工作？大部分人的回答都是：“绝对是！我不会有丝毫改变，因为我热爱自己的工作。”当你为工作倾注了足够的心力时，金钱的回报只是其中的一种，能力的提高，发展空间的扩大，是隐形的但也是最有价值的回报。

追求自己幸福人生的女人，一定都有一个明确的奋斗目标，懂得自己活着是为了什么。因而她的所有的努力，从整体上来说都能围绕一个比较长远的目标进行，她知道自己怎样做是正确的、有用的，否则就是做了无用功，或者浪费了时间和生命。显然，成功者总是那些有目标，并且不会轻易为一时的得失迷了眼的人。

柔弱的女人，在明确了自己应该走的道路之后，会感到自己心里很踏实，生活得很充实，注意力也会神奇地集中起来，不再被许多繁杂的事所干扰，干什么事都显得成竹在胸，可以最大限度地发挥自己的潜力。

女人幸福的人生，在于懂得什么是对自己最重要的东西。我们要树立起这样的观念，第一，做好自己的事，把工作当成生活的总纲，用它带动起自己的物质生活和感情生活；第二，做事业要做长线，把收益放到一个大的、长远的环境里衡量，先扎下根，再收获它的成果。

很多女性的不幸，在于只是随波逐流地过日子，为饥饿而吃饭，为漂亮而穿衣，为了感觉而恋爱，为了薪水而工作。因为人生的方向不明确，许多繁杂的生活琐事，使她们一天天疲于奔命，荒废时光。

女人的善良也有一种策略

做一个好命的女人，要有目标，要独立，要尽力维护自己的利益，然而这一切善良并不冲突。我们所说的善良不是那种没心没肺，对什么人都毫无保留的傻大姐作风，真正懂得善良的人在具体的事务上对他人宽容，知道为他人着想，不去跟他人恶斗。这样，她的朋友会比别人多，机会也会比别人多，善良的女人，会活得很放松、很舒服。

女人要在社会上生存，眼里只有自己的人，绝对不会有幸福和成功的人生。我们要保持自己的梦想，坚持不懈地为之努力，在能力范围之内，尽可能地去帮助别人。

人是感情的动物，很少有以恶劣的态度对待别人的善心的人。“付出总有回报”是世间的真理，以友善的心态对待生活，常常会得到意料之外的收获。这就像你在一片荒地上种树，播下好的种子之后，尽管我们不能保证每一粒种子都发芽开花，但是只要有十分之一的种子长成小树，也是一种非常可观的收获了。在我们熟悉的民间故事里，“善有善报”的典型比比皆是。世上的人数以亿计，能与我们相逢的都是有缘。有时候，结善缘只需一碗水，结恶缘只需一句话，那么我们何必吝啬于自己的一点爱心呢？帮了别人时，他回报了那是意外的欣喜，否则也成全了自己的人格和心灵，绝对是有利而无害的事情。

只是我们要注意，善良更多的时候只是一种爱心，如果只是凭出色的交际手段或者不断的小恩小惠收买人心，结果往往会让你失望。

茉莉是一个大方的女人，由于家庭条件好，单位的很多同事都得到过她的好处。她抽屉里的咖啡和点心，几乎是办公室的公用品，谁有需要都可以自己拿；同事谁家里有急用，向茉莉借钱她总是大力支持；救助生了大病或者碰到意外灾难的人，茉莉捐款捐物，总是单位的前几名。但奇怪的是，这样一个热情大方的女子，却没有几个真正的朋友。平日里，围在茉莉身边的人很多，但每到关键时刻，她总是显得很孤独。

事情的原因，其实还在茉莉自己身上。她思想简单，个性张扬，帮助了别人之后，最喜欢在人前表现自己。比如她经常会说：“大家随便啊，这点东西一百年也吃不穷”，或者是“别看他在开会时那副从容自若的样子，向我求助时，不知多尴尬，站了半天都开不了口” 。这种话说者无意，听者有心，谁喜欢被别人的优越比低了呢？对她敬而远之也是情理之中的事儿了。

用真心去理解别人，比一顿饭、一个小礼物更为重要。人们最看重的，还是别人的认同和理解。真正善良的女人，也许给不了他人多少物质上的帮助，但是她们对人不挑剔、不嫉妒，为别人好的境遇高兴，对他们遭遇的不幸表示同情，能迅速缩小和他人的心理距离。有同事通过自己的努力，考取了一项专业证书，她会说：“你真行啊，那么难过的科目你都过了，真应该请客庆祝一下！”女友穿了一件新款的衣服，她会说：“哟，好漂亮的裙子呀，质地不错，价钱也合适。”有人一时不慎做砸了事情，损失大笔的金钱或者上升的机会，她会说：“出了那么多意外的事，真的不是个人之力可以控制的，不过以你的水平，这一时的困难定然没有什么问题。”

你怎样对待别人，别人就会怎样对待你；你怎样对待生活，生活就会怎样对待你。对人心怀爱心和善念，比付出大量的金钱和物质更有好的效果。

从天然的性格来说，女人的心多是柔弱和善良的。做一个幸福的女人，保持善良的天性没有任何坏处。而那些喜欢贬低或折磨别人的人，或者可以让人屈服一时，但是没有人会甘心接受这种不平等，即使他没有能力与你面对面地决斗，暗中破坏的事儿也避免不了，这也就使你的道路上布满荆棘。

做一个善良的女人，即使没有得到立竿见影的回报，我们的这种信念也不能动摇。对别人的善心也算是一种投资，善待他人，如果不把回报放在心上，说不定好运就会不请自来。

人是感情的动物，很少有以恶劣的态度对待别人的善心的人。与人结缘，要多结善缘少结恶缘，即使这种回报不能立竿见影，从长远看也是一种利人利己的选择。

忍耐与努力都是女人必备的能力

中国古代有句话叫作“吃得苦中苦，方为人上人”。在自由和享乐至上的今天，这句话并没有很多的粉丝。

但是女人深入地想一下：你决定自己要过什么样的生活的自由从哪里来呢？你所迷恋的美好的物质从哪里来呢？中大奖？继承大笔的遗产？对于大多数女人，这只是一种不切实际的梦。唯一靠得住的，还是我们脚踏实地的努力。

有时某些人看似一夜成名，但是如果你仔细看看他们过去的历史，就知道他们的成功并不是偶然得来的，他们早已投入无数心血，打好坚固的基础了。

程雪毕业于一所很少有人知道的职业技术学校，只有中专学历。毕业后，她投了无数份精心准备的简历，却几乎连面试的机会都没有得到。

那段日子，她在家里无所事事，只能天天看父母的脸色。在残酷的现实面前，程雪逐渐失去了自信。某一天，她终于觉得自己绝对不能再这样下去了，于是决定改变。

程雪穿上朴素的牛仔裤和白衬衫，到一条繁华的商业街上，挨家去问需不需用人，终于，她在一家初具规模的湘菜馆找到了前台服务员的工作。程雪负责招呼客人点菜、上菜，每天下来鞋底儿都磨穿了，回到家里累得浑身酸痛。这些困难她还都能克服，最难以忍受的压力来自她的领班。那是位精明能干的中年女人，对程雪非常严格，有时候，明明不是程雪的错，可是领班却当着大家的面指责她，把责任都推到她身上，有些老服务员见状也一起来排挤程雪。为此，程雪不止一次躲在洗手间里偷偷流眼泪，每当这个时候，她就暗暗为自己打气：“她们这样做只是害怕别人抢走了饭碗而已，而我和她们有着本质的不同。虽然现在我被你们欺负，但是我的目标却不在这里，我只是需要赚钱养活自己，然后做自己喜欢的事。”

抱着这种心态，程雪以平静的笑脸对待繁重的工作和一些同事的刁难，渐渐地，大家喜欢上了这个温柔而坚定的女子，甚至还有人和她交上了朋友。

在这个湘菜馆工作一年以后，程雪已经和当初那个懵懵懂懂的学生不同。在这里她接触到了社会各阶层的人，学会了与不同的人打交道，对自己的能力和目标也认识得更加清楚。当这个城市里一家做建材生意的公司招聘业务员的时候，程雪转行来到那里，从每天挤公交车的小业务员开始，一直做到独当一面的销售经理。这时候她依然常来那个湘菜馆，但却是作为客人在这里安排饭局。

所有的每一个重大的成就都是一系列的小成就累积成的，“继续走完下一里路”的原则对每个人都有用。当女人还年轻的时候，不管被指派的工作多么不重要，都应该看成 “使自己向前跨一步”的好机会。在小环境里的每一次成功，都是为了在更大的环境里挑战更高的职位积累条件。“硬着头皮、咬着牙”把你从心里不愿意做的事情做得漂亮，将会比你做好你擅长的事情有大得多的收获。

有时某些女人看似一夜成名，但是如果你仔细看看她的历史，就知道她的成功并不是偶然得来的，她早已投入无数心血，打好坚固的基础了。

早点学会选择，人生没有回头路

当在现实中不如意的时候，女人特别喜欢假设，迷恋幻想。如果当初我能提高成绩，考上一流的大学……如果我嫁给了他……如果我还在原来的公司工作……如果我一直持有那一只股票……顺着这些思路理下去，无不是一个花团锦簇的未来。相比之下，眼前的一切越发显得黯淡无光。

但是无论你愿不愿意，时间依然在流逝，我们所有过的路，每一步都无法回头。

世上很少有天生好运的女人，机遇只是对能够抓住它的人情有独钟。如果你不能作出明智的判断，当机遇出现时，只能与之擦肩而过，失之交臂。美国著名牧师内德·兰赛姆在94岁临终时留下这样一句遗言："假如时光可以倒流，世上将有一半的人成为伟人。"如果我们可以拥有长者的经验与智慧，拥有年轻人的身体与干劲，那么几乎没有什么是不可能的。可惜的是，人生已过大半的中年人，已经习惯了自己安稳的生活，害怕任何风吹草动；涉世不深的年轻女人，又冒冒失失，经常会犯各种各样的错误。尽管我们已经努力过，却很难拥有完美的人生。

二十几岁的女人，是青春少女向成熟女性的转型期，在这段岁月里，前面的各种可能、各种机会让我们兴奋不已，眼花缭乱之下，很难作出恰当的决断。漂泊的时候，害怕自己到哪里都扎不下根；做着一份稳定的工作，又怕误了许多尝试的机会和发展的机会。和倾心相爱的男人相处时，担心他有一天会伤了自己的心；守着一个能给自己踏实和温暖的男人，又向往那种魂牵梦萦的爱情。于是，很多女人找不到自己的道路，身边种种繁杂的事物像一个巨大的旋涡，吞噬了她们曾经的梦想和选择的资格。

当你还年轻，还有大把光阴可以塑造自己的时候，没有什么比保持清醒的头脑更重要。你可以回想一下，在自己求学、求职、寻找爱情的过程中，是否曾经也犯过"一心寻找最大的果子"的错误。在瞬息万变、危机与诱惑并存的现实社会，更需要我们保持一种平稳的心态，远离浮躁，从容选择。面对人生的选择，最要紧的是要关注今天。我们的要务不是望着远方模糊的事物，而是做手里清楚的事情。

虽然我们常说"条条大道通罗马"，人生的道路原本有很多，但并不是任何一条路都是最适合自己的。女人需要理想，但女人不能沉浸于理想。女人想干什么和能干什么是两码事，必须在能干的范围内选择想干的事。

我们能吃得到的果子，就是最大最好的果子。

“一鸟在手胜过两鸟在林”，这种现实的心态，可能帮助女人从云端落地，不至于在因为不知道什么才是自己真正需要的而空耗光阴。在每一次选择中，衡量自己的志趣、特长、教育水平和学习能力之后，你应当可以作出最恰当的判断。尽可能地寻找最大的林子，然后再细心挑选一个适合自己胃口的果子，你的成功就已经拥有了可靠的基础。

不是生活状况决定品位，而是品位决定生活状况

有很多女人会认为，好命要靠自己辛苦打拼，多劳多得，慢慢为自己的命运之城增砖加瓦。这种想法有其积极意义，却还不够完全。好的命运来自努力，也取决于你对自己的心理定位。要知道，一个人所受到的待遇与自己的表现密切相关，如果周围有很多人抬举自己，那么我们也会变得信心十足。但如果自己都不善待自己的话，无论何时何地，都不可能受到别人的礼遇。品位其实也是一种资产，有很多人就是因为看起来卑微寒碜，而失去了绝好的工作和成功发财的机会。

人们都有一种普遍的心理特点，谁越有实力，就越有吸引力，大家都以与其交往、与其合作为荣；谁若天生扶不起来或者正在走霉运，人家都有意无意地躲着他，好像与其走得太近，就会带累得自己也低人一等。以此为出发点，我们无论做什么，自己都要先撑起门面来，什么时候也不能让外界看轻了。世上的事就是这样，你想要在这个世界上树立起怎样的形象，争取到怎样的身份地位，必须拿出像模像样的上佳表现，培养起在大家心目中的形象来。人们也许会同情弱者，怜悯弱者，却绝不愿意与他站在同一条水平线上。

生活中会有这样一种女人，她们的出身不见得有多好，职位也不见得有多高，却一直坚持高雅的、有品格的生活，举止文雅，待人彬彬有礼。长此以往，在周围人的心目中，她就是一个有修养、有格调的人，大家对她的态度自然不敢过于随便、敷衍。后天贵族的资格，就是这么培养起来的。

谈到这里，有些女人也许会说，要是我也开名车、逛名店，自然也能培养起不凡的品位。而现在迟到一分钟就要看上司的脸色，吃个饭都急匆匆的；买个化妆品，也要反复掂量，对那些国际化的大品牌，还要有视而不见的定力。如此这般，哪里还有闲情逸致讲品位呢？

是的，我们不得不承认，品位有时候来自金钱的滋养，但是这不表示囊中羞涩的女人，一定就要过那种低级的、没有情趣的生活。我们可以暂时没有钱，但不能没思想，我们完全可以按自己的条件，创造出一种让人刮目相看的品位生活。

如果说男人的生活品位和他的经济环境密切相关的话，女性的品位则更多地来自她的生活智慧。事实上，在生活中也不是花了钱就提高了生存质量，只要设计得当，你完全可以保持简约而够品位的生活方式。

总是庸碌繁忙地过日子，会给人一种很没有情趣的感觉。平日多接触一些如登山、网球、游泳等时尚的运动，学会演奏一样乐器，最低限度也要有几首拿得出手的歌，在聚众中表现一番。至于听歌剧、看画展，真正能领略其精髓的人又有多少呢？你可以不喜欢它，但是有必要了解它，即使仅仅作为一种谈资也是好的。

想象一下，一个外表清新大方，有见识，和各个阶层、各种类型的人都能找到共同语言的女人，她的前途能差到哪里去呢？

有钱不等于有品位，同样，也不是说生活环境差、地位低的女人，品位也跟着低人一等。女性的品位更多地来自她的生活智慧，只要设计得当，自然就能体现出不凡的品位。

做个有修养的女人，努力打造个人品牌

在现代社会，商品要讲品牌，人也是要讲品牌的。女人在年轻的时候，名不见经传，事业与财富的积累也在进行中，如果她在人们心目中口碑好、形象佳，则可以加快她的成功历程，而一提起来就让人摇头皱眉的人，要想翻身，难度就大得多。

打造个人品牌，就是承认“人也是一种商品”这种非常现实的观念，大大方方地亮出自己来。在我们身边，从政府官员、大大小小的事业机构，到公司职员，各类专业人士，谁不是以学识、才干、技能乃至体力形貌等自身的资源来换取报酬？能使你掌握的资源获得最大限度的回报，就是个人品牌经营的成功。

如果是一件商品，那么它给人的第一印象就是它的包装、它的款式，对于一个人，他的外在形象也对他能否被人喜欢和接受有着直接的关系。现在很多女人都知道“美貌也是竞争力”的道理，舍得把自己有限的资金投到服装店和美容院里，年轻的女人容易忽视的误区不是随随便便、邋里邋遢，而是个人形象和自己要追求的目标不符。如果拿商品做比喻，就是包装不符合受众的审美观。

如果说衣饰的品质说明的是一个人的身份，那么它的颜色和款式，则在传递着这个人的个性信息，如这个人是时尚的还是保守的，是清高的还是随和的，是严谨的还是开放的，等等。选择什么样的衣饰，不仅仅是私人爱好的问题，你的主张、你的风格，都会在其中得到充分的体现。

一些文艺界、娱乐圈里的人士，在服饰上的选择是自由的。他们的卖点就是自己的个性，慵懒的、颓废的或者新奇的风格，统统可以粉墨登场，冲击人们的视线。对于大多数女人来说，工作场合，就要求我们以整体的风格为风格，展示良好的公众形象。工作以外的时间，尽可以把自己打扮得纯情、华丽或者性感，但在办公室就不同了，要在尽量穿出自己个性的同时，符合公司的环境。如果实在不知如何打扮，那就采取优雅的淑女装扮，相信不会引起同事们的反感。

成功女性要修炼出一种良好的气质，仅仅会做表面工夫是不行的。有些女人说话总是蚊子般细声细气，吃饭时也像数饭粒似的，与人约会故意姗姗来迟，她们以为这就是淑女风度。但淑女不是扮出来的，最重要的是要不断提高自己的层次，不断丰富自己，多读书，多思考。阅读可以丰富你的头脑，同时也会增加思维的敏捷度，思考会使你变得智慧，久而久之，也会使自己的言谈举止都得到提升。只有真正从内心改变自己，才能达到持久的效果。当你出现在人前的时候，如果很自信，底气很足，风度自然也就优雅大方起来。

形象和气质，是女性打造个人品牌的入场券，最终的比拼，还要靠实力。毕业于某一所著名的大学，有某一种热门的专业证书，服务于某一家国际化的大公司，这是实力的标尺。会开车，英语流利，电脑应用熟练，学习效率高，接受新事物快，这是实力的具体表现。如果你具备上面的素质，你不用害怕失业，不用害怕没有钱花，不用对老板或者老公的脸色提心吊胆，在一处不如意，可以换个地方从头再来。

在职场有句话："你是在为自己的个人简历工作。"同样，女人在生活中的每一种具体的表现，都对你个人品牌的形成有着正面或者反面的意义，成功在打造个人品牌，首先要明确自己的目标和"受众"是什么，你要成为什么样的人，就按照什么样的形象来塑造自己，争取有一天变成自己理想中的人物。

打造个人品牌，就要承认"人也是一种商品"这种非常现实的观念，然后把服装当成包装，把实力当成功能，将自己打造成最具竞争力的商品。

第7章
做一个好命的女子，年轻时少做些傻事

每个年轻的女人都要坚信，世上所有美好的东西都有自己的一份。只是在你追寻和等待的过程中，不要做那些破坏自己形象和名声的傻事。

男人是不怕犯错误的，哪怕是天大的错误，只要还有机会搏一下，就有希望。女人恰恰相反，永远都不要有孤注一掷的想法，只有坚守自己的理想，坚守自己的品位，才不会辜负你自然的花期。

别总想事事都顺着你，你不是真的公主

女人给人的印象，总是美丽而洁净的。她们对待自己的要求高，不像男孩那么随随便便，对待别人，也是黑白分明，眼里揉不进一粒沙子。这种心态，在她们成年以后会有所改变，大部分成熟的女性，因为经历了很多的世事，会明白个人的力量是很有限的，与其和现实对抗，不如聪明地顺应它，不难为身边的人，也不难为自己。可惜的是，有些女子觉醒得非常缓慢，她们总以为这个世界应该是一个按照自己心意设定的美丽的花园，所有的人和事，都应当达到一种完美的状态。

小方是一位大都市里标准的白领丽人，她在一家外资企业做文秘工作，每天见到的人，都是彬彬有礼的绅士或是干练优雅的女性精英。她的丈夫是一位教师，是一个非常顾家的男人，平时对她非常温柔体贴。

在别人眼里，小方是一个非常幸福的女人，可是，她自己过得并不开心。她常常觉得自己的丈夫一身的书呆气，从衣着品位到举止谈吐，都有些上不得台面。于是，在生活中，她成了老公最严格的管教，如果老公又有哪方面不合“标准”或者没有达到某种预期目的，小方就一而再、再而三地刺激他，这使他有种喘不过气来的感觉，于是，他宁可逗留办公室或娱乐场所而不愿意回家。久而久之，丈夫和妻子之间渐渐地无话可说，夫妻关系日益疏远。

如果像小方一样，对周围的人和事过度苛责，只会使自己陷入无穷无尽的烦恼之中。在我们身边，每件事都有自己的发展轨道，每个人也都有

自己的观念和个性。女人应该承认，有些问题是无法解决的，自然，也有一些东西是无法改变的。只有相互包容，才能从根本上解决这种无谓的烦恼。

在自己的小家庭之外，我们要和各种各样的人打交道，这就更不能以自己为标尺去衡量别人的生活。

安洛是上海人，父母都是高级知识分子，她从小在一个平静幸福的环境中长大。大学毕业后，留在上海的一家生活类杂志社做编辑工作。丈夫是她的同学，也是她交的第一个男朋友，两个人感情很好。

办公室里，有一位刚从外单位调来的编辑小韩，年轻人工作能力很不错。但是安洛听人说他老家是甘肃农村的，刚一来上海，就与妻子离了婚，现在正与社长的外甥女交往。这正是安洛最忌讳的地方，她认为这种不忠实的男人必须敬而远之，没事尽量少与他来往。这时，杂志社要做一篇消费调查的稿子，主编就派安洛与小韩搭档去做。安洛很不高兴，回到家里还闷闷不乐。丈夫问明原因，劝她说："工作是工作，生活是生活，你把他当成单纯的同事不就可以了吗？你们女人就是想得太多。"

安洛带着十二分的不满和小韩上路了，拍照片，写稿子，一个星期忙得不亦乐乎，终于完成了任务。在这次合作中，她发现小韩工作认真、视角敏锐，是个做传媒的好材料。而且他为人也很大度，对安洛的文笔一直称赞有加。安洛不得不承认，他们这次合作很愉快。

事后，安洛认真反省了自己的态度，也认为自己过去有些偏激了。小韩与妻子离婚，也许有外人不知道的深层原因，并非单单人往高处走那么简单。即使他真的功利之心太重，也是他自己的问题，并不影响他们之间的同事关系。计较太多就是十足的小女人心肠，是为自己的职业生涯自设障碍。

在社会上生存，四周难免会有你不喜欢的人，而这种对象越多就越不容易生存，所以我们要尽量与人为善，消除他们在我们心中的坏印象。把自己融入现实之中并没有想象中的那么困难，觉得讨厌的人，和他交往一段时日后，可能就会发现他的一些优点，从而改变了当初的感觉。如果你不喜欢很多人，拒绝和他们亲近，他们同样也就没有喜欢你的理由，这会使你的处境非常艰难。

人和人不可能都一样，我们有我们的道，人家有人家的道，求同存异，携手共进，是一种成熟处世的方式，也是好命的女人应有的正确态度。

在社会上生存，你不能保证身边每一个人都是你喜欢的。你应该承认，有些问题是无法解决的，有些东西是无法改变的，包容心强一些，烦恼就会少一些。

女人要学会说“不”，一味迁就只会让伤害变本加厉

性格柔弱、心慈面软是女人的天性，如果她们在生活中遇到的每个人都是守礼的君子，是无可挑剔的好人，这种性格也不会给她们带来任何麻烦。可惜的是，有些人你越是忍耐和退让，他们越是得寸进尺，一点儿也不会体谅你的苦心和善意。

对于摆在自己面前的问题，很多女人或者迫于对方的压力而不敢说“不”，或者碍于情面而不好意思说“不”，结果很多原本不该是自己的事，统统落在自己头上。要不就是所做的事大大超过自己的能力负荷，让自己面临崩溃的边缘。

事实上，很多女人常常过度在乎自己对别人的重要性。就好像我们常常听到的一句调侃的话：“没有你，地球照样在转动。”这句话的意思是说，没有什么人是不能被取代的。如果你把每一件事都看成自己的责任，妄想着去完成，这根本是在自找苦吃。你真正该尽的责任是，对你自己负责，而不是对别人负责。你首先应该认清自己的需求，重新排列自己价值观的优先顺序。把自己摆在第一位，这绝不是自私，而是表明你对自己道德意

识的认同。“不”固然代表“拒绝”，但也代表“选择”，把自主权牢牢地抓在手里，才没有任何人可以利用你的弱点，把艰难困苦压在你的头上。

杜鹃出身于一个贫困的家庭，父亲是面粉厂的工人，妈妈没有工作，只在家里操持家务、照顾孩子。她的父亲脾气很差，每次喝了酒，都要找碴儿和妈妈吵架，高声骂人、摔东西，妈妈只是躲在一旁偷偷地哭。

杜鹃很争气，她长大后半工半读念完了大学，在一家做汽车配件的公司找到了一份工作。她的聪颖和吃苦耐劳的品性，很快就引起了经理的注意，很多重要的项目都很放心地交给她去做，杜鹃也获得了让自己满意的职位和薪水。这时候，她认识了一个学美术的刚刚毕业的大学生，他英俊的外表和流利的口才深深地吸引了杜鹃，杜鹃深信他是一位怀才不遇的大画家，一片真心都放在他身上。

两个人租了一间小房子，像小夫妻一样过起日子来。“大画家”开始的时候还在一个卖工艺品的小店里做做兼职，时间一长就散了，每天在家里画几笔画，剩下的时间要么看碟、要么睡觉，只靠杜鹃一个人的薪水生活。杜鹃认定男朋友是干大事的人，对在生活中谁花多花少并不计较，但是一个大男人一事无成，至今仍要靠女人养活，他自己也不是滋味，开始学会用酒精来麻醉自己，一面抱怨自己怀才不遇，一面又游手好闲地胡混。杜鹃继承了母亲的美德，自己坚强地撑起了一应家事，“大画家”渐渐地适应了这种生活，把杜鹃的付出看成理所当然的事情。一次两人偶尔因为琐事吵了几句，他竟然对着杜鹃吼道：“我运气不好，落到和你这个乡下丫头一起混日子，你还有什么不满足的？”这时候杜鹃才明白自己在他心中的地位，原来，自己这些年的辛苦，在他眼里却是一钱不值，当自私成为习惯的时候，他已经看不到对方的付出。

好女人常常会遇到坏男人，乍一看来，这是命运的不公，其实认真追究起来，男人的坏，却是他身边的女人纵容出来的。女人不辞劳苦，把该自己干和不该自己干的事儿统统包揽起来，无限制地满足男人的任何要求，即使明明应当抗拒的事情，心中一软，也委委屈屈地忍下去。当女人不像女人的时候，男人也就不像男人了。一个不像男人的男人往往会忘了作为一个男人应当承担的责任和应当具备的本色，这时候的男人成为窝囊废和自私鬼也就不足为奇了。

如果你难以说出“不”字，会造就一批习惯于对你颐指气使的小人；在家里难以说出“不”字，再多的苦水灌到肚子里也没人会体谅你。好命的女人，生来是被保护的、被宠爱的，如果你不愿意接受这样的角色，当然也可以主动分担责任，值得注意的是，你分担属于自己的那一部分已经足够了。

如果你愿意整日劳累并且无人感激的话，你可以做任何事；如果你想做个好命的女人，有更多可支配的时间和放松的机会，那么你真的不能把所有事情都扛在自己肩上。

“不”固然代表“拒绝”，但也代表“选择”，女人要把自主权牢牢地抓在手里，才没有任何人可以利用你的弱点，把艰难困苦压在你的头上。

总花男人的钱，女人更易遇上坏男人

按照一般的规律，男性与女性以朋友的关系共同消费时，通常是由男性来埋单的。偶尔为之，还不必太介意，这对男性是表现绅士风度的一种机会，对女性，也可以暂时放下端庄严肃的职业面孔，让自己放松一下。只是所有的事情都有一定的限度，在这个限度之内行事，是得宜；过了界，问题就复杂了。如果你以为作为一个年轻靓丽的女子，就可以毫无顾忌“吃定”某人，那就大错而特错了。

一个男人如果连续不断地为一个女人花钱，那么他对她肯定是抱有某种目的的，要么是想得到她的感情，要么是想得到她的身体。只要他不是圣人或者傻子，这个法则同样也对他适用。反过来，对女人来说，如果对于某个男人，你只是把他当一个普通的玩伴，并不想有任何深层的瓜葛，花他的钱，就是一种绝大的误会——他会认为你已经默认了他对你享有某种特殊的权利。而且，更让人难堪的是，在周围人的眼里，你们也是天经地义的“一对儿”，有一天你们分开了，你会被认为是一个很无情、很随便的女人，这会大大降低你在人们心目中的印象分，真的有另外的好男人想接近你时，你的这段经历也会影响到他对你的感觉。

那么，当一个女子对一个男人有极大的好感，想认真地和他发展一段感情甚至共度以后的岁月时，是不是就可以把他当成自己人，安心享受他所付出的金钱呢？不，你越是看重他的爱，越是首先要确立两个人的平等关系。这样，才可望在以后的漫长岁月里获得他的尊重。如果在他心里你是一个只会吞吃金钱的玩偶娃娃，那么他将很难转过弯来，将你当成携手共度人生的爱人来对待。

有一个女孩上大学后，在正常的学费和日用之外，父亲特意多给她每月300元的零用钱，并且告诉她说：“多出来的这300元是为了提高你的生活质量，你可以买零食、小饰物，或者攒起来买漂亮衣服和高档化妆品。”女儿表示自己不是喜欢攀比的人，用不了这么多。父亲说：“你不喜欢攀比很好，不过，自己的钱包有钱，会让你觉得自己更自由！要是你真的有喜欢的男孩子，我还可以资助你恋爱经费。”

这位父亲的意思，是想让女儿学会为自己的感情生活埋单，从而获得更有质量的爱情。

当然，我们不是说一对男女在约会时，每次都要分毫不差地实行AA制，但是也不能把男人的钱当成公有财产。女人不是货品，感情更不是交易。恋爱的时候，女人最好要带上自己的钱包，即使他不舍得让你花钱，你也要学会在适当的时候埋一次单！

不要误会只有花钱如流水的男人才够豪爽大方，如果他的经济基础雄厚，那么你们所有的花费对于他只是一种找乐儿的小钱，并不能以此来衡量他感情的分量；如果他的经济环境不好却喜欢在女人面前显示，就有打肿脸充胖子之嫌了，这样的男人，做普通朋友可以，却绝对不适宜长久地生活。而女性的青春短暂，是蹉跎不起的，为恋爱而恋爱是青涩小女生的事儿，成年以后，就应该变得现实一些，为自己的人生做一个长远的打算。那些量入为出，在自己的收入范围内安排生活的男人，反而是值得信赖的。观察一个男人是不是爱你，你可以通过多个侧面来了解他的态度，仅仅从他埋单的姿态是不是很帅来定性，得到的也只能是一种片面的印象。

有一个小笑话是这样的：男女两人在餐厅吃过饭后，男人不看单子就付钱，说明他正在追求这个女人；男人逐一对照无误后付钱，说明他们的感情已经非常稳固了。

好命的女人真正所需要的，不是那种惯于在女性的石榴裙下打转儿的大众情人、护花使者，哪怕他们有型有款、卖相极佳，终归只是一个看起来很美的肥皂泡罢了。女人被“追求”，听起来很尊贵，但同时也代表你们感情的温度不够，他能潇洒地为你埋单，同样也能潇洒地为任何一个美女埋单，这样易聚易散的关系，难道是你所期望的感情生活吗？所以，当一个男人在你面前收起了那种“豪爽”的作风，变得精明而稳健的时候，那么恭喜你，你们的感情已经经得起外来事物的冲击与考验。

女人易犯“很傻很认真”的错误

女人因为年轻、阅世不深、心态不够稳定，容易犯那种“很傻很认真”的错误。例如把所有的感情和未来的希望，都毫无保留地押在一个男人身上，一旦感情受挫，自己的目标、方向、人生价值都一同受损，伤痛自然是很难治愈的了。

另有一种情况却与之相反，有些女人同样由于人生阅历不够，对未来认识不清，还没有开始恋爱，就先在心里定下一个不可动摇的标准，一定要在这个“括号”里找人。找来找去，人没挑好，倒把自己的年纪挑大了。

那些至今仍然形单影只的“剩女”或是“胜女”，常常会抱怨甲男有前途、有事业但个子太矮；乙男又体贴、又会玩但是经济基础太差；丙男有钱，但是太花心，怕将来出问题；恋家的男人，嫌他没有事业心，天天忙于工作吧，又觉得没有安全感。她们总是觉得要有一个样样俱全的男人才配得起自己，拿到人前才有面子，不枉自己多年的挑选和等待。

虽说在女人的潜意识里，都想找一个十全十美的好丈夫，但是现实永远大于理想，懂得享受属于自己的幸福，才是聪明的女子。

有人以《西游记》里唐僧师徒四人为例，劝诫女人学习欣赏爱人的优点：

如果嫁的是“猪八戒”，你不要伤心，因为你可以得到体贴温柔。“与其嫁给你爱的人，不如嫁给爱你的人。”被人爱着便是莫大的享受。

如果找的是“孙悟空”，你也不要心酸。两情若是长久时，又岂在朝朝暮暮？他忙，就让他忙他的。男人的一半是女人，男人成功了，女人自然也跟着闪光。

如果爱的是“唐僧”，你也不要恨铁不成钢。挽着“唐僧”上街，会招来多少羡慕的目光？

如果和你一起过日子的是“沙僧”，你也不必着急。慢性子有慢性子的好处，老实人有老实人的福分。

婚姻和感情是人生中的重要考场，每个女人最后都要交上自己的答卷，但谁都得不到满分。这个世界上不存在十全十美的人，所以，完美的爱人也不存在。有不少女人常常对未来的感情生活抱有不切实际的幻想，将它想象得非常完美。尽管现实生活中也有过少数非常理想的婚姻，但是必须明白，它是夫妻双方坚持不懈、努力完善的结果。

每个人都是一个独立的个体，都会与他人有所不同。当然，你的爱人也不例外。和你一样，他也是一个独一无二、有别于其他人的复杂的综合体。他会有男人的刚毅和气度，会有自己独特的需求和喜好，当然也会有自身的缺点和不足。

聪明的女人，应该学会睁一只眼闭一只眼，欣赏爱人的优点，淡化他的不足。如果一个男人能为家庭提供生存保障，就不要过于苛求他的温情体贴；而对于能给自己带来精神抚慰的男人，挣钱少点也不必太放在心上，甚至觉得没有面子。

女人要在感情生活中拥有一份让人羡慕的好运气，把握好自己，不在没有责任心的男人身上虚耗时光是非常重要的，同时，另一个重要原则是要学会用欣赏的眼光看待你的爱人。那种这山望着那山高的挑剔，在你们的关系不确定时，你会吓跑他，即使已经牵手，也随时有失去他的可能。

如果他在你的心目中还有地位，那种既伤人又误己的抱怨应该停止了。

世上根本没有二合一的好男人和好东西。如果你够聪明，应该学会睁一只眼闭一只眼，遇事多想想他的优点，甜甜蜜蜜地享受属于自己的那份感情。

你该有什么样的资本让男人喜欢你

在寻找自己感情的猎物的时候，一般的规律是，女性更注重男人的实力，男性更注重女人的外貌。然而，作为一个女人，你必须要明白，男人这一点自然倾向，并不代表他们都是只重感官而毫无大脑的动物，不管在什么时候，一见到靓女，就忘记了东西南北。

是的，在街头酒吧等场所，男人爱和外表惹眼的女性搭讪，但这不表示在他们经过周详的考虑，要为自己寻找一个固定的伴侣时，也以赏心悦目作为第一选择。我有一个朋友，是做记者的，说话比较直接犀利。他认为，现在既已不是男人三妻四妾的年代，可以同时领略正妻的才德和姨太太的妖娆，那么，找爱人还是综合素质高一些为好。他最欣赏的女性，是地产大腕潘石屹的妻子张欣那种类型的，不是太漂亮，但是气质高雅、智商出众，更重要的，是有与丈夫优势互补、携手共进的能力，一个男人的平淡人生，会因为拥有这样的女人而陡然精彩起来。

这是来自男性方面的真实反馈，明白了他们的心思，你还只甘心做个有胸无脑的花瓶式美人儿吗？

如果一个女人只是热衷于把自己打扮得漂漂亮亮地与男人约会，除此以外对其他世事都是一摸黑，那么不客气地说，你这朵鲜花，离凋谢的日子已经不远了。

我们生活的这个世界，差不多每一种选择都是双向的，女人在挑选男人，男人也同时在挑选女人。当你已经不是对未来充满幻想的少女时，想必已对那些急急忙忙投简历、找工作的毛头小子不感兴趣。同样，那些已经拥有一定的事业基础，有房有车，正处于人生上升期的男人，也不会愿意把自己的时间、精力都花在一个只是看起来养眼的小女人身上。当然，一些年纪比较大、比较富有，但只是想花点儿钱在年轻女人身上找个乐子的男人不在此例，他们喜欢的女人，第一要漂亮，第二要无知，在一开始，双方就没有站在一个平等的地位上。女人要追求一生的好命，做富人的这种芭比娃娃，并不是一个好的选择，因为你不能保证自己永远青春靓丽，也不能保证某个富人只喜欢你这种类型的娃娃。

所以，你考虑问题的重心应该在于：男人有房有车，我应该有什么样的东西可以拿得出手，与之匹配时毫不逊色？

男人有男人的地位，女人有女人的身份。如果你出身于名门或者豪富之家、书香门第，这就是你的天然资本。好的出身代表着荣耀、眼界和高贵的社会关系，无论什么样的时代、什么样的社会环境，这一点对于正力争上游的男士来说都有足够的吸引力。家世不错的女人，只要能好好地把持自己，不堕入放纵无度、抑郁等常见的富贵病里，大体上就能保证在上流的圈子里和正派上进的男人恋爱，顺利地进入平稳安乐的婚姻生活。名门淑女的身份，并非是弃之可惜、食之无味的鸡肋，起点比较高的女人，要懂得珍惜自己的福分，少接触街头上那些随随便便的男人和女人，使自己的名声和身份降格。如果你是一粒珍珠，一定要镶嵌在白金的托子上才能更光彩，一旦落入泥尘，想回头就太艰难了。

如果出身不够优越，女人的道路又该如何走呢？没关系，你还可以放开手脚，追求你的第二种身份。

名校的学历，各种热门的资格证书，以及你所服务的公司的牌子、你在工作中的职位，等等，都是可以通过个人的努力而改变的身份。把时间投资在这里面，首先可以提高你在社会上的身价和待遇，从而也强化了你与有地位的男性演对手戏的资格。科技精英与名校才女，行业新贵与白领丽人，都是人们心目中天造地设的绝配。否则，一个体面的绅士在社交场合拖着一个很“村”、很愚昧的女子入场，别人说什么，她一问三不知，或者时不时就冒出一些不入流的动作和很搞笑的言辞，大家会怎样看待这一对儿呢？男人自己，又会如何看待自己的爱情前景？在这些不大不小的困扰面前，时间一长，男人心生他念也是情理之中的事儿了。

“好女人”“好形象”最终才会决定你的“好机遇”。不管是内在的素质和修养，还是外在的气质和装扮，都会对塑造形象产生一定的作用。女人对于自身存在的某些缺点和问题，尽管一时或终身都难以改变，但仍不妨学会掩饰自己的不足，有意识地将自己包装成“内外双修”的美女。

很多女性看待感情问题的时候，常常会一厢情愿地从自己的角度出发，要求男人有房、有车、有事业，自己就可以不用打拼而直接享受。关键是，对于那些已经功成名就的男人，你有什么资格让他敞开胸怀来接受你呢？女性的青春与美貌，能吸引住的只是男人的眼球，如果要让他驻足，你各方面的分数都过得去才行。

这对美丽的女人是一种警戒：不要以为是美女就可以通行无阻，要获得长久幸福，仅靠外表是行不通的；对于外貌平凡的女性，是一种提示：一门功课的分数不够不要紧，只要其他门类的分数过硬，平均分就会上去，命运之门依然是对你敞开的。

即使别无选择，也不要让自己一错再错

如今的社会风气已经很开化，人们对于青年男女婚前的亲密行为司空见惯，当成很平常的事儿。现在再讨论这个话题，似乎有些老土、有些落伍了。但是我们抛开社会的、道德的层面，仅从女人自身的利害看问题，那种过于豪放的作风也是不适宜的。

我们喊了多少年的男女平等，而事实上，现代中国的社会依然保留着男权的印迹，换句话说，就是我们的社会在男女关系上，依然是对男性宽容、对女性苛刻的。男人只要还不够判刑进监狱，犯一点风流过错是算不了什么的，他什么时候想回头都来得及，对一生的影响并不大。他照样可以打工创业、娶妻生子，堂堂正正做人，没人去干涉他的私事。女性则不同了，如果她不小心结交了坏男人，不管是心甘情愿还是上当受骗，污点永远是污点，以后再谈情说爱，也会因为这一段经历失分。这种状况实为不公，但几千年来的文化习俗就是如此，我们既然改变不了它，那么不如顺应现实的世道人心，好好地爱护自己。

经常有这样一些女人，或是因为情感上处于空白期，或是没有更好的人选，对追求自己而自己又没有好感的男孩，来者不拒。她们一方面享受着别人付出的感情和物质好处，另一方面又在暗暗寻找着条件更好、更适

合自己的男友。她们以为自己很聪明、很开放，却不知很多不幸的种子，这时候已经埋下来了。

在和异性交往中，讲清楚自己的感受——是爱情或者仅仅是一般的朋友，不随便和他发生亲密的关系，这应该是每个年轻女人的底线。这不是为了“清白”或者“道德”之类的东西，我们只是不应该把一生的幸福毁在某一种暧昧的关系中。

当一个女人走过了孤独寂寞，找到自己心仪的男人时，是不是就可以完全放松了呢?

这也不能一概而论。

女性在这时候要考虑的主要是自己的年龄和是否做好了结婚的准备。很多女人在20岁或22岁以后有了正常的性生活，如果她们28岁才结婚，那么她们在婚前至少有6~8年的性生活史。那么，她们在婚前即使采取了避孕措施，至少也会有2~3次因避孕失败而堕胎。这2~3次的堕胎，对女性身体的伤害是显而易见的。它比生3个孩子对身体的伤害还要大。这份痛苦虽然容易忍受，但容貌的衰老、身心的损害通常难以接受。而更大的变化则是心理上的变化。心灵上已经沧桑无限的女人，很难保持对未来的憧憬和获得幸福的信心，即使以后和男友正式结合，新婚的喜悦、家庭的温馨，也离她很远。如果两人最终分手，往日的那些身心磨难，就成了要一个人咽下去的苦酒。这种滋味是没法对任何人讲的。

感情浓密时，偶尔有过分的举动倒也不必自责，毕竟我们既不是圣人，也不是草木，不可能总是无限期地洁身自好。但是一时的情动当不得日子过，那不是一个可以随便进进出出的花园，在没有完全做好准备，看清前面的路之前，自我控制的能力将决定女性未来的命运。

很多女性在情感上处于空白期，或是没有更好的人选的时候，常常会不知轻重地享受身边男人的殷勤，和他过分亲密。她们以为自己很聪明、很开放，却不知这对自己的未来已经产生了不可逆转的负面影响。

年轻也要勇敢地选择自己的方向

差不多每个女性，都是有几个“闺密”的。未婚女人有同学和死党，太太们有她们的“太太帮”，闲暇无事，大家在一起逛逛街、喝喝茶，骂几句男人或者上司，既是一种交流，也是一种放松。“闺密”的好处不少，但是女人这种爱扎堆儿的习惯也有些负面影响，女性的缺点是虚荣心和攀比之心太强盛，人家有的自己没有，站在一起就矮了半截，无论如何也要追回来。这样一来，她们就很容易把别人的理想当成自己的样板，把社会上风行的东西当成自己的目标，每天总是忙、忙、忙，却很难把真正有用的东西抓在手里。

有很多女人，从考证、办驾照到炒股、健身、泡酒吧、淘古董，样样事都少不了她。她知道社会上的热点是什么，却不知自己的目标和爱好是什么，大部分的时间都处于追逐的过程中，越是劳心劳力，越是浮躁空虚。追着别人的脚印走，你永远是一个落后者，而那些聪明的女人，也要做很多事，但她们却懂得轻重缓急，能很好地控制生活的节奏。

谭小平是个很有主见的女人，聪明、会生活。她大学是在上海念的，毕业后就留在了那个繁华的城市，在一家外资公司做起了白领。当她的同学都在奋力准备考研的时候，她却不为之所动。她的同学感到很奇怪，此时考研之风大热，为什么一向学习成绩优秀的谭小平不考研呢？当她的同学问她的时候，谭小平表示现在只想在社会上多锻炼锻炼自己，趁年轻好好干几年。

谭小平从小职员做起，两年后就做到了公司的中层，常常有出国培训和出差的机会。当她的大多数同学还在学校里读研的时候，她已经在不同的国家和地区之间飞来飞去，提升了眼界，提高了能力；当她的同学研究生毕业正为找工作弄得焦头烂额的时候，她已经积累了足够的工作经验，有跳槽的资本了。

可是正当谭小平的事业做得风生水起的时候，她却再次让人大跌眼镜，她要做妈妈了。谭小平在28岁的年龄生下了一个可爱的小女儿，并且她一直用博客来记录宝宝的成长过程。

谭小平在家里带了一年孩子，在孩子1周岁的时候，她一个华丽转身，去了另外一家外资公司做部门经理，薪水比原来高出50%。谭小平一直演绎着自己的精彩，把自己的生活过得风生水起，让人羡慕。

当然，我们不是说女人不能考研，工作、结婚和生子才是一生的重点，我们要强调的是，你是不是有一颗聪慧的心，在别人还东一头、西一头找路走的时候，就已经对自己的未来有一个大致的判断。如果说你认为自己的特长在于做学问、搞技术，那么多在校园里深造几年也是应当的，厚积薄发、后来居上的例子也不是没有。还有对要不要孩子这个问题，有些女性坚持等自己经济基础好、事业有成的时候再专心在家养育宝宝，这也是一个合情合理的选择。问题的重点在于你对自己的学业专长、性格特点和身体状况是不是有一个明确的认识，并在这个基础上规划自己的人生道路。

有了明确的目标、周详的计划，我们就会知道什么是自己当前要抓紧完成的，什么是绝对不应该做的，就不会糊里糊涂去做一些本来不应该做的事，最后不仅耽误了时间，浪费了精力，还可能搅乱了自己正常的生活秩序，甚至产生一些严重的不良后果。

好命的女人，大方向要明确，在日常小事上也不能太盲目，社会上的热点总在变化，潮流总在翻新，想让自己样样不落后，结果只能疲于奔命，到头来把自己的优势也丢掉了。

世上的路有很多条，适合别人的不一定也适合你。有人在这条道路上获益，不等于你照方抓药也一定有收获，同样，有人在这条路上碰了壁，也不一定就代表着“此路不通”。我们在选择自己的道路时，不妨先顺着这样的思路考虑一下：目前，我最大的资本是什么？我的优势在哪里？怎么做才能使它们得到最大限度的发挥？

女人要奋斗，也要顾着点身体

我们每个人在年轻时，心里总是有许多梦想的，再现实的女人，更高的职位、更大的房子，更多的金钱对她也有足够的吸引力。为了生活的理想或者说是理想中的生活，许多女人如《奋斗》中的女主角一样，投身于激烈的社会竞争中，发誓要靠自己的双手创建一个美好的未来。

有这种理想的女人无疑是值得敬佩的，只是我们在为其鼓掌的同时，也奉劝她们力气要悠着使，不要透支了健康。

关于一个人所取得的成就与健康的关系，有一个非常有趣的比喻：健康是“1”，而财富、名誉、职位等都是“0”。有“1”在，“0”自然越多越好，如果“1”倒下了，再多的“0”也都没有了意义。

现代女性同样为钱而去拼命工作，生命的发条一直绷得紧紧的。这不但不会使她们成功，而且会使她们失去挣钱的最大资本——健康，你赚的钱再多，如果用失去健康而换来这一切，是毫无意义的，因为那钱你已经没有资格享受了。

有的人会说：“我没有时间运动，我不得不工作。”其实越是这种时刻你越应该说：“我必须保养好身体！”如果你失去健康，别的什么事也别想做了。如果你不能养成健康的习惯，不能定期体检，将来你花在治病上的时间远比你保养身体的时间长得多。小小的感冒就会让你好几天不能工作，更何况带着疲惫工作，工作效率也不会很高。

在现实生活中，有些女人天真地想着先苦肯定会后甜，现在吃的苦以后再来补偿。用先吃苦再娱乐、先苦才能后甜来迷惑自己。那其实是一个谎言，苦难并不是欢乐的前提。

前些年有首流行音乐叫《我想去桂林》，歌词大意是：“我想去桂林啊，我想去桂林，当我有时间的时候，我却没有钱；当我有钱的时候，我却没时间。”其中蕴含的哲理就是娱乐和休闲如果换成等待和补偿，那极有可能成为一个谎言，成为一个永远的等待。

很多女人都认为永不停息的奋斗能让她们的生活更保险，所以，她们把现在的生活过得潦草而廉价。其实这是对生活没有自信的表现。健康的享受是人生的进步。当你为了将来而省略了生活中应有的享受时，你的生活就打了九折；如果牺牲了亲情与健康，那你的生活就打了对折，再富足的生活也经不起打折。

年轻的女性，身体的底子大都是不错的，大病大痛还没有找上门来，可能听不进关于健康的劝诫。其实我们的身体也像是一棵树，看起来枝繁叶茂，可是如果你不注意保养，它就从内部的脉络中先损伤开来，终于有一天，会在某一次疾风骤雨中折倒。

所以当你的身体即使有小的不适时，也不要掉以轻心，切莫把小病酿成大病。年轻女人常常容易有消化不良、生理痛之类的毛病，虽然看似没有根治的方法，但只要采用中医、饮食、瑜伽等进行调理，实际上很容易得到满意的效果，年轻的身体很容易见到“药效”，因此，只要对身体稍加关心，对小毛病进行补救，将会一生受用。注意调理和保养，相信不仅是身体，连精神都会变得健康起来。

现在有一些白领宁愿放弃高薪的职位来换取更多的休息时间，从而达到一种“可持续发展”，而不是像以往一样拼命工作，发疯赚钱。善待自己——不论是精神上或肉体上，你会更好地保持活力与健康。

很多女性对于未来常常有一种因为把握不定而产生的恐慌，为了让生活更保险，她们把精力都花在激烈的社会竞争中。这不但不会使你更成功，而且可能把你的健康资本耗费掉，使你的一切努力都变得毫无意义。

第 8 章
做一个淡然的女子，别让自己击垮自己

在这个世界上，人所面对的最大的敌人是谁？关于这个问题，早就有无数先辈追问了若干遍，答案也非常准确无误，那就是自己。一个人如果能够战胜自己，那么就永远不会倒下。很多时候，我们不是输给了对手，而是因为自己的精神倒了，所以才会颓废沮丧。难怪人们常说，人活一口气，这里的一口气指的就是精气神。为了生活，我们要提起精神来，活力充沛地度过每一天。

活在今日，珍惜今天

人这一辈子总共有三天，即昨天、今天、明天。昨天已然过去，明天还未到来，我们唯一能把握的只有今天。每个人都活在今天，无一例外。所以，当你为逝去的事情忧愁，当你为还没到来的明天焦虑，还不如放宽心，好好地把握今天，享受今天。你会发现，生活在今日，你才能握住手边的幸福。

爱默生曾经说过："人是思想的产物。"确实，每个人都活在自己的思想之中。在这个世界上，只有我们能使自己活得快乐，也只有我们能使自己痛苦，除此之外没人有这个能力。300多年前，著名诗人弥尔顿就在诗中写道："心灵，是属于你的宫殿。它可以成为天堂中可怕的地狱，也可以成为地狱里美丽的天堂。"如果你觉得自己很凄惨，那么你就会过得很凄惨；如果你觉得自己很快乐，那么你就真的快乐；如果你感到孤立无援，那么你就真的会感到害怕。由此可见，一切的感受都是由我们的心境决定的。所以，如果我们能够不为昨日懊恼，不为明日焦虑，而快乐地活在当下，牢牢地把握今日，那么我们就能够更好地享受生活，享受人生。很多人都曾看到过报道，说一些癌症患者奇迹般地痊愈了。其实，他们并非接受了什么治疗或者吃了什么灵丹妙药，他们能够痊愈，完全是因为他们想通了，彻底放下了烦恼和是非，一心一意地享受今日的生活，所以才能战胜绝症，拥抱生命。

在一次车祸中，玛丽亚失去了挚爱的丈夫。从此，她总是活在悲痛的阴影中，无法自拔，甚至还患了严重的抑郁症。虽然她的孩子都很孝敬她，每到周末就都过来陪伴她，但是她始终郁郁寡欢。她日复一日地坐在客厅的躺椅上，想念着丈夫，拿着他们曾经的合影回忆过去的生活。每当想到伤心时，她还会情不自禁地哭泣。几年过去，她的眼泪都流干了。

看着玛丽亚痛苦的样子，她的女儿决定带她去看心理医生。了解了玛丽亚的情况后，心理医生只对她提出了一个要求，即每天去做义工。这个要求很简单，对于退休寡居的玛丽亚来说也有足够的时间，所以，她答应了。刚开始时，玛丽亚只是想帮助别人，并不以为做义务也能改变自己。然而，随着时间的流逝，她越来越热爱义工的工作，每到活动日，她都兴致盎然。平时，她还会抽时间做一些小饼干送去孤儿院，给那些可怜的孩子吃。后来，她还在房前屋后种植了很多花卉、绿植，每天她都要忙着侍弄这些花草、做饼干、当义工。渐渐地，她发现自己变得开朗了，不再沉浸在对丈夫的思念之中，每天都生活得很充实。当别人问玛丽亚为什么会有如此大的改变时，玛丽亚总是说："现在，我的记忆只在今天。"

生活中，聪明人从不为那些微不足道的小事焦虑或者担忧，因为他们知道担忧或者焦虑除了给自己徒增烦恼之外，根本起不到什么实质性的作用，反而会伤害自己的身体。在这个世界上，很多事情都是无法改变的。所以，我们不如坦然面对已经发生的、从容面对即将发生的事情。无论何时，我们唯一能做的事情就是活在当下，活好今天。只有这样，我们才能牢牢地把握生命的每一天。女性朋友们，记住，生活在今日，幸福在你的手心里。

发现自己的优点

每个人最熟悉的人是自己，最陌生的人也是自己。每天，我们看着镜子里的自己，自以为很了解自己，所以我们很少静下心来想一想自己的所思、所想、所追求的到底是什么。我们仅仅熟悉自己的面孔，却很少用心地反思自己。生活中，总是有些人盲目地骄傲，一切都以自我为中心，自以为地球都是围着自己转的；还有人妄自菲薄，总是自卑，觉得自己处处都不如别人，没有什么优点，更没有什么值得赞扬的地方。实际上，每个人都有优点，只是有些优点被发现了，有些优点没被发现而已。对于那些自卑的人来说，最迫切的事情就是发现和挖掘自己的优点。只有把自己的优点发扬光大，我们才能拥有更加精彩的人生。

静静出身于一个普通的农民家庭。通过自己的努力，她终于在高考的时候实现了鲤鱼跃龙门，考进省里的一所师范大学读书。在家乡的时候，静静是全校学习成绩最好的学生之一，每次考试，她都是班级第一，全校第二。在农村，大部分家庭生活得都很贫苦，所以，静静并没有感受到自己的家贫，只知道勤奋地学习。进入大学之后，她的同学几乎都是各个乡镇的尖子生，其中还不乏市区、省里的学生。如此一来，静静在学习上的优势就没有那么明显了。

春天到了，看着花枝招展的女同学，再看看自己补着补丁的衣服，静静觉得心里很失落。不知道为什么，那些来自城里的女同学都很好看。她们的皮肤很白皙，浑身都散发出淡雅的香气。夏天到了，女同学们都穿起了裙子，只有静静依然穿着一条洗得发白的的确良裤子。经过一段时间的大学生活后，静静觉得太受挫折了。她觉得和那些女同学比起来，她没有一点儿优点。她的皮肤黑而粗糙，她的衣服都是老土的款式，还很破旧，她也跟不上时尚，总是接不上其他同学热衷的话题。最关键的是，她曾经引以为自豪的学习成绩如今早就不是第一名，而变成了中等水平。就这样，静静越来越自卑。她看不到自己的优点。

一个偶然的机会，学校文学社到各个班级招募社员。静静抱着试试看的心态，把自己的随笔交了上去。出乎她的意料，她很快就接到通知被吸纳进文学社。畅游在文学的海洋里，静静自由地书写着自己的心灵，与自己、与他人、与世界进行着深度的交流。后来，她还接连发表了好几篇文章，在同学们艳羡的目光中领取了人生中的第一笔稿费。一段时间之后，其他社员都推选静静为副社长。就这样，静静越来越自信，成为大家公认的才女。她再也不在乎自己的衣着了，也不因为自己无法考取第一名而沮丧，如今，全校同学都知道她是副社长，她对于写作的兴趣也越来越浓厚。

从小地方考到省城读书，学习成绩不再是第一名，穿衣打扮也远远不如别人时髦，静静心里自然会感到备受挫折。幸运的是，一个偶然的机会，她在写作方面的天赋得到了别人的认可，由此她逐渐建立了自信。其实，每个人都和静静一样，即使觉得自己没有任何地方比得上别人，也一定会找到属于自己的优点。只有把这些优点发扬光大，我们才能树立自信，展开人生的辉煌篇章。

接受人生的不完美

曾经，每个人都对生活充满了无限的希望。从牙牙学语开始，他们就幻想着生活是蜜糖，是无尽的满足与甜蜜。随着渐渐长大，他们发现即使蜜糖也无法满足他们内心的渴望。日复一日，生活展现在他们面前的缺憾越来越多，使他们几乎无法招架。究其原因，并非生活改变了，而是他们的欲望越来越多。人们常常用无底的深渊形容欲望，的确，人们一旦坠入，就很难控制自己不往下掉。看看这个繁华的世界，即使是再怎么富有的大富翁，也不可能满足自己所有的欲望，因为有些东西是金钱能够买来的，有些东西却是金钱无法买到的。所以，每个人都有着自己无法满足的欲望。因为欲望不能被满足，很多人觉得自己的人生不完美了。其实，根本就没有绝对的完美，又哪来的完美人生呢？所谓完美，只是相对的。渐渐长大的我们，要学会控制自己的欲望，要学会在心底里留有小小的遗憾，要学会坦然接受人生的不完美。生活中，常常有女性朋友抱怨自己的皮肤不够白，长得不够漂亮，抑或是没有良好的家境。与其抱怨，不如庆幸自己有着健全的身体、健康的父母和众多的兄弟姐妹，心境也会由怨愤转为知足。

桑兰是浙江宁波人，出生于1981年，13岁进入国家体操队。17岁时获得全国跳马冠军，18岁在第四届美国友好运动会上练习跳马时不幸发生意外，导致胸部以下高位截瘫。对于一个花季少女而言，这恐怕不能用轻描淡写的“不完美”来形容，而应该称其为人生的缺憾。转眼之间，一个活泼健康的女孩就变得一辈子离不开轮椅且生活不能完全自理，怎样坚强的心才能面对呢？刚开始的时候，桑兰无法接受这个现实，甚至想到了死。然而，看着父母，看着那些关心她、爱她的人，她选择了坚强地活下去。

尽管经历了多方治疗，但桑兰还是无可避免地瘫痪了。面对着无法改变的现实，她接受了这个突如其来的人生缺憾，用一种平和的心态对待曾经辉煌的自己，变得更加成熟。从此以后，桑兰开始微笑着面对公众，她坚强乐观、积极向上，感动了整个世界。2002年，桑兰通过努力进入北京大学新闻系攻读学士学位，刻苦学习，由此展开了人生新的篇章。

2008年，桑兰作为申奥形象大使之一兼奥运火炬手，并且成为北京奥运官方网特约记者，开始了自己体育评述的生涯。

作为一个花季少女，桑兰面对突如其来的人生变故，尽管也曾失望，也曾绝望，但是却始终没有放弃希望。哭过之后，她选择笑着面对人生。命运没有辜负她，在给她致命打击之后，为她掀开了人生崭新的一页。如果每个女人都能如同桑兰一样面对人生的不完美，不自暴自弃，不沮丧绝望，那么就一定能够战胜人生的各种不完美、不如意，扬起生命的风帆。

生活中，一定有很多人曾经为父母锯过木头，但是却鲜有人为父母锯过木屑。这是因为锯木屑是丝毫没有意义的。就如同人生的不完美是我们根本无法改变的，我们与其因为这些不完美的存在歇斯底里，还不如振奋精神，勇敢地去完善这些不完美的地方。

放下，你才能轻松前行

人生，说长就长，说短就短。幸福的时光总是飞逝，而苦难的光阴总是煎熬。所以，幸福的人总是觉得一天太短，苦难的人觉得每一分、每一秒都无比漫长。其实，没有人的人生会如白驹过隙般，这是因为每个人的人生或多或少总是要经历一些苦难。人生不总是甘甜，也会有苦辣咸，正是这样，人生才变得丰富多彩，拥有百般滋味。如果一个人的成长总是一帆风顺，他就无法成长，更无法面对未来日子里的苦难。人总是要经历一些磨难的，这样才能学到安逸生活中无法领悟到的哲学，快速地成长起来。

很多时候，我们之所以觉得苦恼，并非是今天的生活给予我们太多的磨难，而是因为我们总是为过去的事情懊恼，在为还没有到来的日子无比焦虑。在这种情况下，我们怎么会轻松呢？我们只会觉得沉重，无比沉重。人生是一趟漫长的旅行，我们不知道终点在哪里，也不知道旅行途中会发生什么事情。所以，我们需要做好长途旅行的准备。很多有过旅行经验的人都知道，刚开始的时候，即使背着沉重的背包，我们也会觉得很轻松。然而，随着越走越远，即使背包很轻，我们也会觉得无比沉重。这时，要想轻松地不断前进，只有一个好办法，那就是为自己减负。很多东西，我们当时觉得很重要，所以义无反顾地装进了人生的行囊。然而，时间长了，这些东西就会变得可有可无，毕竟生活只在今日，而不在一去不返的过去。所以，我们应该学会把那些可有可无的行李丢掉，这样，我们才能顺利抵达人生的终点，才有时间和精力欣赏沿途的风景。要知道，旅行所在乎的并不是重点，而是旅行途中欣赏到的风景。

一个年轻人终日愁眉苦脸，不知道生活中有什么值得高兴的事情。他总是觉得很累，为生活中和工作中的很多事情。他无法解决这些事情，即使这些事情已经成为过去时，他也依然因为遗憾而对这些事情念念不忘。日久天长，他觉得自己实在太苦闷了，所以便去寺庙中求解。

方丈问他："年轻人，你怎么了？"

年轻人说："方丈，我觉得很苦闷，很劳累。"

方丈说："现在，你带着一个背篓去爬山吧。沿途，你可以把自己喜欢的东西装进去，一直爬到山顶，再下来。"

年轻人遵从方丈的安排，背起背篓上山了。他从山脚下往上爬，刚刚走了没多远，就被野花吸引了，所以，他采了一束野花放进背篓里。后来，他又发现了一块奇形怪状的石头。这块石头的形状就像一块天然的蘑菇，看上去晶莹剔透。他犹豫了片刻，把石头装进了背篓……就这样，他一边走，一边往背篓里装东西。几个时辰过去，当他爬到这座不太高的小山时，背篓已经装满了，沉甸甸的，每走一步都勒得他的胳膊很疼。他的步伐越来越沉重，简直不想再往前走了。

好不容易下山回到寺庙中，方丈对他说："这只是一座小山丘，你爬完之后就已经把背篓装满了。在一生之中，如果你也这样不断地为自己增加负担，你怎么会不累呢？！你再把自己放到背篓里的东西拿出来看看，会发现那些东西都是可有可无的。所以，与其把它们装进背包里累死自己，不如把它们都放下，这样，你才能继续轻松地走完剩下的旅程。"

在生活中，我们要学会放下。生活不会总是一帆风顺的，当遭遇风浪的时候，在全力战胜风浪之后，我们无须再惧怕。当遇到高兴的事情时，在欣喜若狂之后，我们也无须再欢喜。不管是惧怕还是欢喜，都已经过去。只有放下这一切，我们才能坦然面对现在的一切，轻松地走完人生的旅程。

第 9 章

做一个脱俗的女子，塑造独一无二的自己

在这个世界上，只有一个你。不管你是优秀还是顽劣，也不管你是年轻还是年老，更不管你是高高在上还是低微卑贱，都没有人能够取代你。正如这个世界上没有两片完全相同的叶子一样，这个世界上也绝对不会有两个完全相同的人。你何必模仿别人呢？也许，在你羡慕别人的同时，别人也正在艳羡你。

做最真实的自己

虽然人与人之间有着千丝万缕的联系，但是，他们都是独立的，都是独一无二的个体。每个人都应该为自己骄傲。因为除了自己，再也没有这样的独特。我们画的画别人无法复制，我们唱的歌无人能够模仿，我们的生活也是与众不同。我们真实而又独特，我们应该全心全意地建造自己的花园，奏响人生的交响乐。

有史以来，人类总是在不停地讨论着保持自我的话题，似乎对于每个人来说这个世界上最大的难题就是自己。人生最大的痛苦莫过于不能成就自我，人生最大的幸福莫过于能够按照自己的想法和意愿活着。山姆·伍德是好莱坞最著名的导演之一，对于他而言，最大的心愿就是让那些女演员保持自己的本色。一个多年从事人事主管工作的人说，对于求职者来说，保持自我是最重要的。就和这个世界上没有人愿意要假钞一样，人也不应该按照别人的标准来复制自己。你就是你，无人能够取代。你就是你，即使有一些缺点和不足，也是最真实的。

在《论自信》中，爱默生曾经说过："在接受教育的时候，每个人都会发现模仿别人其实和自杀毫无区别，而羡慕别人更是无知的代名词。虽然我们一定有缺点和不足，但是我们需要做的依然是坚持自我。一个人要想有所收获，就必须在自己的田地上辛勤耕耘。我们必须靠自己去争取一切。"

现代社会，很多女性朋友都追赶时尚，想成为时尚的弄潮儿。因此，她们总是效仿别人，看那些明星穿什么就穿什么。殊不知，人需要衣服的装扮，衣服也同样需要人来衬托。很多衣服看似普通，之所以到了明星身上就大放异彩，正是因为明星的强大气场。同样一件衣服，换了普通人来穿，也许只是一块破布。不仅穿衣打扮是这个道理，生活中的很多事情都遵循着同样的道理。所以，我们必须牢记一个道理，那就是永远做最真的自己，这样才能成为独一无二的存在。

生命很短，为自己而活

我们很多时候只是顺着惯性而活着，并不知道自己到底在追求什么。这是一种非常迷惘的生活状态，处于这种生活状态的时候总是在浑浑噩噩中度过自己的一生，碌碌无为。相比这些人，有些人则活得很忙碌。他们总是为别人而活着，小时候学习好是为了给父母的脸上增光，长大了努力工作是为了照顾家庭，在单位里争着表现自己是为了博得领导的赞赏，老了锻炼身体是为了给子女减轻负担……一辈子，他们似乎都在为别人而活着，完全失去了自我。甚至有些人连婚姻大事都听父母的，只为了使父母满意。有人会说这样的人真好，有着奉献和牺牲精神，做他的父母、子女、爱人、朋友一定很幸福。我想说，这样的人很悲哀，一辈子从未做过自己。其实，地球离了谁都照样转。那些乐于把自己奉献给他人的朋友，很大程度上是过于高估了自己。如果我们能够不那么在乎被人怎么看、怎么想，一心一意地只做自己想做的事情，结果又会如何呢？结果是，别人依然过得很好，我们则不再那么憋屈。人生是非常短暂的，如果我们总是为别人，等到真正想为自己活一次的时候，就会发现时日无多了。所以，爱自己，活出自己，就从此时此刻开始吧。为自己而活着，不是自私的表现，而是热爱生命的初衷。

晓娟决定离婚了，不为别的，就为自己能够痛痛快快地走完剩下的人生之路。

晓娟和丈夫不是自由恋爱，而是父母的指腹为婚。原来，晓娟的爸爸和她去世的公爹是战友。当年，晓娟和丈夫都在各自妈妈的肚子里时，公爹约晓娟的爸爸一起去钓鱼。突然，晓娟的爸爸掉进了冰窟窿里，为了救他，晓娟的公爹牺牲了。他们在世时，原本以开玩笑的语气指腹为婚。当时，大家谁都没当真。但是，当晓娟的公爹真的牺牲了，晓娟的爸爸妈妈心里无比愧疚，就把这件事情当了真。从晓娟很小的时候，爸爸妈妈就让晓娟一定要报答公爹家。所以，晓娟从小就觉得自己理应嫁给现在的丈夫。

然而，很多事情并非知恩图报那么简单。夫妻在一起生活，不仅需要相同的志趣爱好、人生观、价值观，更需要彼此包容，性格相合。晓娟虽然和丈夫还算般配，但是他俩都是很强势的人，在一起的时候谁也不愿意听谁的，所以总是吵架。吵来吵去，夫妻间的感情越来越淡。尽管晓娟早就想提出离婚了，但是却碍于面子，再加上父母的劝阻，因此总是凑合着过。直到上次争吵，晓娟无意间知道丈夫也早就厌倦了这样的生活，因此才最终下决心离婚。

有些事情，我们可以为别人去做；有些事情，我们必须遵从自己内心的选择。假如晓娟一直因为顾及丈夫的面子和父母的感受而委曲求全，那么葬送的必将是自己一生的幸福。婚姻不是两个好人在一起就能够幸福的，而是需要彼此间多方面的契合。庆幸的是晓娟终于想明白了这个道理，能够勇敢地提出离婚，开始自己崭新的人生。这不仅是她对自己的解放，也是对丈夫的负责。想必，迎接他们的即使不是更加美好的生活，也是他们真正想要的生活。

人生是短暂的，我们要对自己短暂的人生负责。只有为自己而活，我们才能活出精彩！

勇于承认错误，勇敢面对人生

人们常说死鸭子嘴硬。生活中，不乏有人和死鸭子的嘴巴一样硬。他们总是坚持自己是正确的，从来不服气别人，哪怕他们心里明明知道自己是错误的。其实，一个人值得他人尊重，并非因为他始终都是对的，而是因为他勇于承认自己的错误，并且以虚心的态度接受别人的批评。在这个世界上，有谁能保证自己从来不犯错误呢？可以说，没有任何人敢作出这样的承诺。

和冒险比起来，承认错误显然需要更大的勇气。有勇气承认错误的人，才能给予自己机会改正错误，不断进步。生活中，女人需要面对更多琐碎的事情，因为女人不仅要工作，还要在工作之余兼顾家庭。常言道，多做多错，少做少错。这也就注定了女人总是在犯错与纠结中进步。对于一些小错误，大多数女人都能够做到一笑置之。如果犯了大错误呢？改正似乎远远还不够，这时，女人就会陷入痛苦之中。在没有人批评指责她的情况下，她或许还能主动进行自我检讨，而一旦有人对她发起声讨，她也许马上就会像刺猬一样浑身乍起刺来，进行自我保护。更有很多女人还会声泪俱下地为自己申辩，说自己为家或者为工作付出了多少，没有好报，反而还落埋怨。基于这种情况，也不乏有些女人会撂挑子走人。其实，这些人并非心里不知道是自己错了，她们只是不愿意折了面子承认错误而已。对于开明的人而言，承认错误有什么了不起的呢？他们既不会因为一个人犯了错误而笑话他，也不会因为自己犯了错误而刻意回避。不犯错误的是神，不是人。既然如此，我们就应该学会直面自己。只有这样，我们才能不断进步，不断接近完美。

公司人事部突然接到董事长的电话，点名提升进入公司不久的娜娜为董事长助理。对于如此大跨度的提升，大家都深感意外。要知道，董事长助理虽然是个伺候人的活儿，但是在公司里却起着举足轻重的作用。通常情况下，普通员工见董事长一面都很难，董事长助理却能够每天与董事长如影随形，不仅负责董事长工作上的琐碎事情，还照顾照顾董事长的私人生活。如此一来，旁人很难做到的事情，如果有助理在董事长耳边吹吹风，那就很有可能实现了。所以，董事长助理是公司里的红人，大家都很巴结呢！对于娜娜的突然提升，很多进入公司十几年的人都深感不解。

其实，董事长之所以破格提升娜娜，完全是因为一个偶然事件。前段时间，董事长临时决定召开全公司中层领导的会议，对于上次的投标失败事件进行反思。当时，因为有很多文件是秘书整理的，所以秘书也被要求参加这次会议。会议中，大家在一起集中讨论了这次投标的失败，最终发现原因在于一份企划书的标点符号错了。对此，大家议论纷纷，因为一个错误的标点符号失去了一个大项目，不得不说是一件令人深感遗憾的事情。正当大家议论纷纷准备找出责任人时，娜娜主动站起来承认错误，说是因为她检查的时候不够认真，所以导致没有发现这份文件的错误。很多同事都说娜娜傻，因为这份文件是她负责检查的，并非是她做的。但是，这次主动承担责任却让董事长对娜娜留下了深刻的印象。也正因为如此，娜娜才能破格晋升。

一个人如果连自己所犯下的错误都不敢承认，那么他还能承担什么责任呢？对于公司领导而言，最害怕的不是员工犯错误，而是员工犯了错误不放在心上，没有进步，或者是推脱责任。要知道，不管是公司还是个人，都不可能没有任何失误。对于公司而言，尽管员工的错误给他们带来了损失，但是，在反思自己、改正错误的过程中，他们也得到了一个经验更加丰富、工作态度更加审慎的员工。

如果每个人都能像娜娜一样勇敢地承认错误，以实际行动改正错误，那么，就一定能够快速成长，勇敢地面对自己的人生。

爱与被爱是一种幸福

人活在这个世界上，如果没有了爱的陪伴，该是多么的寡淡无味、乏味无聊啊！可以说，从小生命呱呱坠地开始，就被爱包围着。甚至在这个小生命还在母体内孕育时，就有很多人在憧憬和珍惜着他的存在。当我们从婴孩渐渐长大成人，我们从习惯了被爱渐渐学会了主动地去爱。我们爱父母，爱兄弟姐妹，爱同学师长，爱身边的每一个人。

生活原本就是充满艰辛的，如果没有爱作为调味剂，就会显得更加难熬。正因为有了爱，当遭遇坎坷挫折的时候，为了我们所爱的人，我们会选择坚强地面对困难。也为了那些爱我们的人不伤心，我们选择勇敢地面对。很多疾病，尤其是癌症患者，不管用多少珍贵的药品都无济于事，但是面对爱人的呼唤，他们却战胜了病魔。还有一些处于深度昏迷的患者，他们之所以能够奇迹般地醒来，也是因为潜意识里听到了爱人的呼唤。爱，是一种力量，一种能够帮我们创造人生奇迹的力量。爱，使我们充满力量；被爱，使我们充满对生的渴望。当我们失望甚至绝望的时候，只要想一想围绕在我们身边的爱，我们就会鼓起勇气，充满力量，面对一切。

从很小的时候，郑钧就爱上了邻家小妹朵朵。那时，朵朵只有 6 岁，非常可爱。郑钧已经 16 岁了，正是情窦初开的年纪。看着天真可爱的朵朵，郑钧把她当成自己的亲妹妹一样用心呵护。当时，他并不知道自己爱上了朵朵，而只是以为自己把朵朵当成了小妹妹。直到朵朵 16 岁那年，郑钧看着亭亭玉立地站在自己面前的朵朵，才突然意识到自己这么多年来一直深深地爱着这个小妹妹。26 岁的郑钧从来没有谈过恋爱，他在等着，耐心地等着朵朵长大。他不知道朵朵最终会花落谁家，他只知道自己要等到朵朵结婚了再考虑个人问题。

朵朵大学期间谈了一个男朋友，然而，毕业之后，因为现实问题，那个男孩选择了导师的女儿，这样他能有一个好前程。受伤的朵朵不假思索地给郑钧打电话哭诉，郑钧接到电话就赶到了朵朵所在的城市。他细心地照顾朵朵，耐心地开导朵朵，直到朵朵能够笑出来。就这样，郑钧一直默默地关心着朵朵，而朵朵呢，也一直心安理得地享受着郑钧的关爱。一个偶然的机会，郑钧的妈妈无意间看到了儿子的日记，才知道儿子一直喜欢朵朵。妈妈说他傻，他却说自己很幸福。他说，爱一个人不一定要拥有她，只要远远地看着她过得很幸福，能够在她需要的时候出现在她身边，这就足够了。

郑钧是幸福的，虽然他迄今为止还没有机会表白自己。但是，这并不影响他的幸福感。朵朵当然也是幸福的，她被郑钧始终默默地关爱着。在很多电影和电视剧中都不乏这样的情节，这样的爱是默默无言的，也是美好的。不管郑钧最后能不能和朵朵走在一起，这么心甘情愿地爱着朵朵，对郑钧都是一种幸福。

在这个世界上，美好的东西数不胜数，我们不可能一一拥有。很多时候，我们只能远远地欣赏，哪怕只是欣赏，也是一种幸福。爱也是如此，不管是亲人之间的还是爱人之间的爱，都无须占有。很多时候，爱是付出，一种不求回报的付出。同样的道理，享受被爱也是一种莫大的幸福。

寻找自己，永不迷失

现代社会，金钱的地位越来越高，有的时候，为了金钱的满足，有些人甚至背弃亲情、友情、爱情。还有报道称有些人为了金钱，残忍地杀害自己的父母和兄弟姐妹。其实，不仅是金钱使人沉迷，除了金钱之外还有很多人沉迷于官职、物质，等等。古人云，凡事过犹不及。不管什么事情，都应该讲究一个合理的度。当然，除了这种形而上的迷失之外，还有精神层面的迷失。以前，很多诗人都在寻找精神的家园，并且把自己生存的环境称为失乐园。这就是一种迷失。现代社会，各种各样的诱惑太多。人们在面对诱惑的时候，容易迷失自己。在遭遇困境的时候，也会渐渐地否定自己，及至无法正确地评价自己，这都属于迷失的范畴。

迷失自己的人不知道如何面对自己，在遇到困难的时候，也无法鼓起勇气战胜困难。而对自己有信心且坚定不移地相信自己能行的人，不管在遇到什么苦难的时候，都不会轻易地放弃。前文我们曾经说过，对于每个人来说，最大的敌人不是别人，而是自己。我们必须不断地肯定自己，坚定地相信自己，永不放弃，才能最大限度地发挥自己的本能，创造属于自己的美好生活。人生就像一次旅行，每当发现我们的人生之舟偏离航行的时候，我们就应该及时校正方向，向着正确的方向进发。我们应该时时寻找自己，避免自己迷失在人生的大海上。

杜威大学毕业后进入一家公司工作。因为刚刚毕业没有经验，他在工作上总是出错。最倒霉的是，领导派来教他的师傅心眼还不太好。总是对他连挖苦带讽刺。时间长了，杜威渐渐变得沮丧绝望，认为自己真是朽木不可雕。后来，他经常去吃饭的那家餐馆的服务生中了1500万的大奖，杜威深受刺激。从此之后，他每天都会情不自禁地幻想如果自己中了大奖要怎么安排，为了实现中大奖的心愿，他也开始买彩票。从最初的几块钱到后来的几百块钱，及至渐渐发展到了一次买几千块钱的彩票。要知道，杜威每个月的工资也就只有几千块钱。因为花费了太多的钱买彩票，杜威不得不向父母要钱付房租，每天也都吃最便宜的饭菜。日久天长，杜威越来越消瘦，整个人也萎靡不振。看到他如此消沉，公司领导一气之下开除了他。

失去工作之后，杜威对买彩票更加入迷了。他每天除了去找工作，就把剩余的时间用来研究彩票。一次，爸爸从老家寄给他1万元钱，让他给妈妈买药寄回家。杜威心想，如果一次性买1万块钱的彩票，肯定能中奖。

一时冲动之下，杜威把给妈妈买药治病的钱全买了彩票。让他追悔莫及的是，这些钱非但没有中大奖，连一个小奖也没中。杜威不知道如何向父母交代，急得直挠头。这时，一个平日里和杜威交好的朋友劝说杜威不要再买彩票了，并且警告杜威如果继续这样执迷不悟下去，后果将会不堪设想。此时的杜威后悔死了，认真听取了朋友的建议，向父母坦白了事情的真相，并且保证以后再也不买彩票了。

杜威很幸运，有一个朋友能够直言相告地劝说他。假如不是朋友及时把他从这条路上拉回来，也许他还会走很远很远。我们不得不承认的一点是，人性是有弱点的。每个人都有人性的弱点，每个人都有自己的软肋。每当做一件事情的时候，我们都应该仔细思量。不管什么时候，我们都应该牢记，这个世界上没有天上掉馅饼的好事。生活要求我们必须认真、勤勉，才能获得回报。

人生就像是茫茫无边的大海，我们应该时刻警醒自己，不要偏离航向。一旦迷失，想要折返就会很难很难。

第 10 章
做一个自爱的女子，善待自己呵护内心

生活原本就是充满坎坷的，如果我们再不善待自己，那么谁还会怜惜我们呢？在这个世界上，最应该爱我们、善待我们的人就是我们自己。不要要求别人如何对待我们，我们能做的就是自己好好对待自己。人生苦短，很多人、很多事情都是过眼云烟，只有爱自己，我们才能爱世界。只有自己幸福了，我们才能给身边的人带来幸福。

女人要好好爱自己

每个人都活在现实里，感受着现实的美好和残酷。人的一生，想浑浑噩噩地度过很容易，想要清醒地活好每一天却很难。在我们的身边，有太多没有活好的人，那并非是他们的本意，而是命运的驱使。那么，我们呢？在看过别人经历的一切之后，我们应该选择怎样活着？不可否认的一点是，生活实在是太艰难。曾经有人说过，婴儿之所以来到人世发出的第一声就是哭啼，是因为他知道等待着自己的将是艰难而又漫长的一生。也许有人会说，既然知道这一生无论怎样努力都是艰难的，那就由他去吧。这句话大错特错了。既然知道这一生怎样努力都离不开“艰难”二字，我们就更应该好好活着，好好爱自己，不枉在人世走一遭。

人们常说人生是一次漫长的旅途，没有人知道自己的终点在哪里。既然如此，我们就应该好好享受活着的每一天。生命是无常的，我们每分每秒都要好好爱自己。汶川地震发生之前，没有人知道会有如此的天灾人祸。几十年前，唐山大地震发生的时候，很多人都在睡梦之中。不知不觉的，那么多人的生命戛然而止了。就像马来西亚客机失踪一样，毫无征兆的，那么多宝贵的生命消失在了地球的某一个角落。谁能保证自己一定能够活到 100 岁？别说 100 岁了，甚至没有人能保证自己一定能够活过明天。既然如此，就让我们把每一天都当成生命的最后一天，爱自己，善待身边的人，使自己能够在夜幕降临时安心地睡去。即使不再醒来，也了无遗憾。人生如此，夫复何求？现代社会，人们的欲望越来越多，想要得到的也越来越多，很多人总是和自己过不去，逼迫着自己追求这个，追求那个，直到突然倒地的时候，才知道生命比起一切来都是最宝贵的。没有了生命，一切都是虚无。所以，爱自己吧，爱自己才能好好地活着。

诺诺离婚后一个人生活，儿子判给了前夫，年幼的女儿和她一起生活。刚开始的时候，她非常痛苦，总是恨不得把抢走老公的小三撕碎。为此，她丢掉了工作，每天都蹲守在小三经过的路上，想为自己报仇雪恨。有一次，她甚至已经买好了硫酸，想把小三毁容。尽管很多亲朋好友都劝说诺诺放弃报复，开始自己的新生活，但是诺诺始终不肯原谅那对奸夫淫妇。

一天夜里，诺诺心中的复仇之火再次熊熊燃烧起来，她把熟睡的孩子锁在屋里，一个人去了前夫和小三住的楼下。她不停地在楼下徘徊，脑海中放电影似的闪现出一幕幕报复之后痛快淋漓的场景。正当她犹豫不决时，突然，她的手机响了起来。在静静的深夜里，手机的铃声显得尤为刺耳。诺诺心中一惊，突然想到了年仅 6 岁的女儿。果不其然，电话里响起女儿凄厉的哭声，她含糊不清地告诉妈妈：“血，血……”诺诺不顾一切地往家里跑去，回到家，她看到女儿满脸是血地坐在卫生间里。原来，女儿想起来上厕所，不小心摔倒磕破了头。诺诺抱起女儿去了医院，女儿的头上被缝合了 5 针，医生说肯定会留下疤痕。直到发生这件事情，诺诺才知道原来对于她而言，最重要的不是复仇，而是照顾好年幼的女儿。以后，每当看到女儿头上的伤疤，诺诺都提醒自己要好好活着。她很庆幸，是女儿的电话把她从犯罪的道路上拽了回来。如果不是女儿，也许她如今已经锒铛入狱了，那么，女儿该是怎样的孤苦伶仃呢？从此以后，诺诺再也不想报仇的事情了，她只想好好活着，陪伴女儿长大成人。

一般情况下，每个人都知道要好好爱自己，这似乎是人类的本能。然而，一旦被仇恨冲昏了头脑，人们就只想着图一时之快，而忘记了生活是多么美好，多么值得我们珍惜。诺诺是幸运的，尽管女儿的头上多了一道疤痕，但是她却被女儿警醒，选择了一条美好的人生之路。放下之后的诺诺再也不想那些烦心事，一心一意地只想好好活着，爱自己，才能更好地照顾年幼的女儿。

爱情不需要纵容

在爱情面前，似乎一切道理都显得苍白无力。平日里，我们总是满嘴的大道理，对于爱情有着无限的骄傲和憧憬，梦想着自己能够成为女王、女神，趾高气昂地面对拜倒在自己石榴裙下的男人。然而，一旦真的爱上一个人，我们会瞬间缩小无数倍，把自己变得无限卑微。我们诚惶诚恐地面对自己所爱的人，只怕一不小心惹他生气，让他伤心。这样的爱使我们失去了自我，使我们变得毫无原则。人们常说情人眼里出西施，殊不知，当一个女人死心塌地地爱上一个男人时，就会变得像一个失去理智的母亲，毫无限度地纵容自己的孩子。男人就像孩子，在女人泛滥的爱里，变得越来越不知天高地厚。他们肆意挥霍着女人忘我的爱，直到有一天，发现自己已经不知不觉地迷失了自己。

有些人说，爱情不需要十分，只要七分就够了，留下三分爱自己。这句话是有道理的。两个相爱的人在一起，从相识相知，到相爱相恋，再到相依相伴，一起携手走过人生的漫漫长路。除了要彼此包容之外，也要互相提醒少走人生的弯路错路。而如果把百分百的爱都付于对方，这种爱很有可能变成纵容。纵容的爱没有原则，没有限度，没有底线，只是一味地妥协，直到把自己湮没在尘埃中。爱，既需要激情也需要理智，既需要宽容也需要限度。只有理智的爱，才能天长地久。

丁楠在一家工厂里当厂医。因为年轻漂亮，很多年轻人都对她暗生情愫。不过，丁楠眼光很高，她想找一个能够配得上自己的人。其实，丁楠对厂里主管销售的马云很有好感。马云不仅长得高大威猛，而且是正儿八经的大学毕业生，这对只上过卫校的丁楠来说无疑是个巨大的吸引。另外，马云的家境也不错，他的父母都是大学教授。丁楠常常想，要是能和马云走到一起，那么也不枉自己这一生了。

也许是因为厂里大部分都是女工吧，她们拿电焊的手显得太粗糙，因为整日里和糙活儿打交道，所以她们人也变得很粗糙，满口粗话，言语恶俗。因为没有其他的选择，在丁楠的强烈攻势下，马云缴械投降了。眼看着自己的梦想成真了，丁楠简直激动得无法自恃。每天，她都给马云准备早餐带到单位，还精心准备了午餐。其实，单位食堂里有午餐，但是丁楠宁愿自己每天 5 点起床现做。结婚几年了，即使有了孩子，丁楠也依然把马云当成自己的儿子般宠爱。一个偶然的机会，马云借着为厂里跑业务的机会拿到了很多回扣。发现这件事的时候，丁楠吓坏了。她央求马云不要再这么干了，并且说钱不是幸福生活的筹码。然而，马云实在太想发财了，他有了第一次，又有了第二次、第三次……因为时间紧张，他还让丁楠利用职务之便帮他开假病假条。丁楠虽然不赞同马云的做法，但是，看着马云央求她的眼神，她不得不答应了。如此这番，时间长了，厂里发现了真相，毫不犹豫地把马云交到了公检法机关，马云被逮捕了。厂里还把丁楠的工作也撤掉了，让她去打扫厕所。一夜之间，一个幸福的家庭就这样被毁了。时至今日，丁楠懊悔不已。如果不是她一味地纵容马云，如果她能在马云犯错伊始就义正词严地警告他，拒绝他的无理请求，那么马云也不会在犯罪的道路上越走越远。

不管我们多么爱一个人，也不要失去做人的底线。古人常说，爱之深，责之切。时至今日，我们依然应该记住这句话。爱，不是一味地纵容，更不是毫无原则地退让，爱是互相扶持、互相帮助，更好地走完人生之路。

当我们爱一个人到无法自拔的时候，我们越发应该提醒自己保持清醒和理智。只有这样，爱情的发展才会顺乎人意，不会走偏。人生总是有着各种各样的欲望，清醒的爱能够使我们时刻铭记为人处世的原则，使我们时刻铭记自己想要的到底是什么，避免在欲望之海里迷失自我。爱一个人，需要的是宽容，而不是纵容。

不要把所有的爱都寄托于男人

女人，不管什么时候，即使再爱一个男人，也不要失去自己。尤其是爱，只需要拿出七分来爱自己的爱人就好了，剩下的三分留着爱自己。把太多的爱毫无保留地拿去爱人，那么就会渐渐地忘了自己，及至迷失自己。试问，谁愿意爱一个没有自我的人呢？没有自我的人会失去灵魂，变成附属品。

台湾著名诗人诗婷曾经写过一首关于爱情的诗歌，叫《致橡树》。在这首诗中，她说：我如果爱你——绝不像攀援的凌霄花，借你的高枝炫耀自己；我如果爱你——绝不学痴情的鸟儿，为绿荫重复单调的歌曲；也不止像泉源，常年送来清凉的慰藉；也不止像险峰，增加你的高度，衬托你的威仪。甚至日光，甚至春雨。不，这些都还不够！我必须是你近旁的一株木棉，作为树的形象和你站在一起。根，紧握在地下；叶，相触在云里。每一阵风过，我们都互相致意，但没有人，听懂我们的言语。你有你的铜枝铁干，像刀，像剑，也像戟；我有我红硕的花朵，像沉重的叹息，又像英勇的火炬。我们分担寒潮、风雷、霹雳；我们共享雾霭、流岚、虹霓。仿佛永远分离，却又终身相依。这才是伟大的爱情，坚贞就在这里：爱——不仅爱你伟岸的身躯，也爱你坚持的位置，足下的土地。从这首诗中，我们不难看到，舒婷所主张的爱情是相爱的双方作为两棵树的形象站立在一起，彼此依偎，永不分离，而且互相分担，不离不弃，而不是其中一方像藤一样依附于另一方，靠着对方的庇护生活。这首诗想表达的意思很明确，也是爱情的至高境界。的确，爱情的双方应该是平等而又彼此独立的，任何一方都不能失去自我，否则，爱情就失去了立足的根本，就会变成一种累赘和负担。

在两性关系中，女性往往处于弱势地位。很多女人一旦找到自己的真命天子，就会不顾一切地奉献自己所有的爱。殊不知，男人不喜欢失去自我的女人。他们之所以爱一个女人，不仅仅因为她有着美丽的容貌、高尚的灵魂，也因为她有着独立的人格和永不服输的精神。现代社会，生存和生活的压力很大，男人更希望找到一个能与自己分担的女人作为终身的伴侣。每个人都会累，被爱既是一种幸福，也是一种负担，适度是一种幸福，过度是一种负担。所以，聪明的女人们，你们还不知道应该怎么做吗？

张良向雅芳提出了离婚。这使所有人都大跌眼镜，包括雅芳在内。她如同当头挨了一击闷棍，不知道自己该如何是好。她不知道自己哪里错了。刚开始时，她以为张良有了婚外情，因此几次向张良表示说自己可以原谅他的出轨。然而，她猜错了。张良清清白白，根本没有背叛她。后来，她以为是自己做得不够好，所以恳请张良告诉她哪里做错了，她愿意好好改正。然而，也不是这个问题。当张良最终说出离婚的原因时，雅芳更加迷惘了。原来，张良之所以提出离婚，是因为雅芳对他太好了。张良说："每天回到家，我只希望能够安安静静地看会儿电视，再吃一顿平常的饭。但是，一进家门，我就觉得自己像是回到了宾馆，家里还有一个女佣。她看到我进门，忙不迭地就给我端茶送手拿拖鞋。家里纤尘不染，弄得我手脚都不知道往哪里放。最烦的是吃饭的时候，她总是几次三番地问我想吃什么，还不停地给我夹菜，就像我不是这个家的男主人，而是这个家里的贵客。古人常常说夫妻之间相敬如宾，我不喜欢这样的感觉。夫妻之间不就是要磕磕绊绊，时不时地吵上两句嘴吗？！雅芳一看我不高兴，就赶紧在我面前进行自我反省。其实，我倒是愿意她满腹怨言地对我发牢骚，指责我，甚至掐我一下也好啊。尤其是进行夫妻生活的时候，她就像是一个逆来顺受的小媳妇，我说什么是什么，我想怎么做都可以，她从不提出不同的意见，不管自己高兴不高兴，都一味地配合。”从张良的话中我们不难发现，雅芳其实很爱张良，而且凡事都顺从张良。然而，张良需要的却不是这样的爱。他不想要一个唯唯诺诺的女佣，他想要一个能和他撒撒娇、斗斗嘴、吵吵架的活生生的妻子。

雅芳之所以惹恼了张良，并非是因为她做得不够好，恰恰是因为她做得太好了。她太爱张良了，把自己所有的爱和感情都倾注在张良身上，完全失去了自我，也使张良从忽视她的存在变成厌烦她的存在。尽管人们常常用相敬如宾来形容关系好的夫妻，但是也有人提出了不同的意见，说“相敬如宾的是客人，不是夫妻。夫妻之间如果始终客客气气的，那就太生分了”。所以，又有一句话深刻地刻在一些人的脑海里，那就是“不吵不闹不到头”。这句话也是说夫妻的，意即夫妻之间只有吵吵闹闹才能白头到老。所以，聪明的女人不会把所有的爱都倾注在男人身上，她们时时刻刻都牢记把自己摆放在和男人同等重要的地位上，有着自主意识，常常发表自己的意见，时不时地还会因为一些事情和男人起争执。这样的生活，才是活生生的，才是男人想要的真实的生活。

世界上没有无缘无故的爱

在一生之中，我们会遇到形形色色的人。我们无从知晓下一刻即将遇到的人是我们所讨厌的，还是我们所喜爱的。人与人之间总会产生各种各样的感情，其中，最极致的感情就是爱和恨。爱使人们彼此亲近，甚至能够为对方付出生命；恨使人们彼此疏远，甚至恨不得要了对方的命。如此强烈的两种感情，使我们平静淡然的一生有了波澜起伏的壮丽，也使我们多了很多困扰和不解。其实，凡事有因有果，这个世界上没有无缘无故的恨，更没有无缘无故的爱。只有明白了这个道理，我们才能坦然面对他人的赞美、期许，才不会被他人的阿谀奉承冲昏头脑，也不会被那些无谓的恶言恶语所中伤。明白了这个道理，我们才能更加坦然地面对人生的起起落落、悲欢离合。人生如此艰难，我们还有什么理由彼此为难呢？理解了这一点，我们才能以淡定从容的心态走完一生。

人们常常以一见钟情来形容彼此间的爱恋，其实，所谓的一见钟情也并非是无缘无故的，只是因为对方的某些特质吸引了我们。很多时候，我们没有意识到自己到底被对方的哪一点吸引，因此将彼此之间的喜欢、吸引归根于缘分使然。缘分是一个很虚化的词语，很多好感都可以归结于缘分，然而归根结底，人与人之间的感情不是莫名其妙的，而是有据可循的。例如，我们被一个人的容貌吸引，或者为对方的气质、风度所倾倒，也或者是对方的善良、幽默、风趣使我们怦然心动。总之，只要你用心去发掘，就一定能从你喜欢的人身上找到你所欣赏的闪光点。如果没有这些理由，爱就会变成一时冲动下的热情，终究会随着时间的流逝烟消云散。正是基于这一点，如果我们想让对方喜欢我们，我们就要使自己变得可爱。正是因为你可爱，别人才会爱你。所以，当我们对一段感情苦苦求之而不得的时候，当我们抱怨爱情迟迟不来的时候，不如先好好爱自己，把自己变得可爱起来，这样，你才能轻而易举地得到自己想要的东西。

大学毕业之后，陈强进入一家电脑公司上班。这是一家刚刚成立的公司，规模很小，业务也不太忙。自然，薪水也就不高。看着身边的同学们都过上了忙碌充实的白领生活，陈强的心里怅然若失。一段时间之后，公司里的一个女孩开始主动追求陈强。陈强很奇怪，因为他长得不高也不帅，没有房也没有车，而这个女孩却是本地人。

不过，既然女孩子主动抛出了橄榄枝，陈强有什么理由不接呢？他接受了女孩的追求，开始和女孩约会起来。经过一年多的交往，陈强终于抱得美人归。他与女孩走进了婚姻的殿堂，在这个城市里有了真正属于自己的家。

结婚很久之后，陈强终于按捺不住心中的好奇，问女孩："当时，有那么多条件好的、与你般配的人，你为什么选中默默无闻的我呢？"女孩笑了，回答说："因为你每天中午都吃最便宜的菜。我父母在我小的时候吃了很多苦，才为我创造了今天的生活。我一直在想，我一定要找一个艰苦朴素的人，能和我一起像当年我的父母同甘共苦一样一起创造美好的生活。如今，很多年轻人虽然挣钱不多，却都主张提前消费。他们工资还没发，就已经花完了，每个月都是月初是富翁，月末是乞丐。我不想过那样的生活。只有你，细水长流，总是计划好每个月的生活。听说，你还按月给老家的父母寄钱。所以，我选择了你。"

案例中，陈强之所以能够得到女孩的青睐，恰恰是他的质朴、俭省。很多男孩都觉得追求女孩应该大把地花钱，殊不知，真爱并非用钱能够买来的。既然大部分男孩都不是富二代，没有花不完的钱可以挥霍，那么，理智的做法是坚持自己的本色，找到那个真正爱自己、欣赏自己的人。

不管怎样，爱都是世界上最动人的感情。我们要学会寻找真爱，要坚信在这个世界上总有一个人真正地欣赏我们、爱我们，愿意接受最本真的我们。

健康是一切的前提

前几年，著名演员高秀敏和傅彪先后因病去世。高秀敏突发心脏病，享年 46 岁；傅彪患了肝癌，享年 42 岁。在现代社会，生活条件好了，40 多岁的人可以说是正当年。他们正值事业的上升期，却突然撒手人寰，这不得不让人扼腕叹息。据说，他们之所以身患绝症，都是因为平时的工作过于劳累，没有时间调理自己的身体。这给无数的平凡人敲响了警钟。

如果说我们的生活是一个天平，那么，事业、金钱、名利等占据着天平的这一端，健康则占据着天平的另一端。在平常的日子里，大多数人都忽视了健康，转而追求那些名利、金钱等身外之物。直到有一天，天平因为我们的偏心而倾倒了，我们身体的大厦轰然倒塌，我们才会突然醒悟到健康是多么重要。可以说，如果没有健康保持人生的平衡，那么人生的天平就将不复存在。有人曾经说过，年轻的时候拿命换钱，年老的时候拿钱换命。前者也许可以成立，后者却往往成为奢望。一旦健康受损，生命受到威胁，只怕有再多的钱也无力回天。对于任何人而言，健康都是最重要的，如果健康出现问题，不仅会使我们身心俱疲，也会使我们数年积累的财富全都流进医院。

对于健康，曾经有人打了一个形象的比方。即健康是人生的“1”，其他所有的东西，如爱情、财富、事业、婚姻等，都是“0”。如果没有健康的“1”作为支撑，这些“0”就都是毫无意义的虚无。只有跟在“1”的后面，这些零才有实际的意义。所以，健康是人生的本钱和基础。没有健康，人生的大厦就会轰然倒塌。作为女性，更是应该关注自己的健康。女人是很容易焦虑的动物，尤其是在压力巨大的现代社会，女性不仅要忙工作，还要分身照顾家庭，压力空前。所以，女性朋友更应该好好爱自己。只有自己好了，我们才能更好地承担女儿、母亲、妻子的种种角色。

独自在大城市生活，娜娜已经形成了拼命三郎的性格。大学毕业后，她凭借着自己的努力进了报社。然而，因为没有后台，她在工作的过程中总是受人排挤。娜娜不服气，她知道自己是有能力的，她暗暗告诉自己一定不能输给那些凭借关系混日子的人。就这样，每次有艰巨的采访任务，娜娜都主动请缨。每次有别人不愿意干的工作，她都主动承担下来。总之，她总是拣硬骨头啃，似乎这样才能证实自己的实力。

所谓功夫不负有心人，娜娜的努力终于在几年之后得到了回报。因为副主编要出国照顾孩子，娜娜被破格提拔为副主编。这对于毫无背景的娜娜来说，这就是最大的肯定。得到这样的认可之后，娜娜更加充满干劲了。结婚了，别人都休婚假她不休；生孩子了，别人休4个月的产假，她只休两个月。尽管家人再三劝说娜娜身体是第一位的，工作是第二位的，娜娜依然不服气。她就要证明给别人看，作为外来人口的她依然能在这个大城市打拼出自己的一番天地。

一次单位体检，娜娜突然查出得了子宫肌瘤。按说这么年轻是很少得这种病的，但是娜娜却不止有一个子宫肌瘤，而且瘤子的个头还都很大。医生建议她马上住院手术，直到躺在病床上，看着哭哭啼啼的孩子和满脸焦灼的老人，娜娜才真正意识到所谓的名利、所谓的工作都是虚的，只有自己的身体健康了，才能真正给孩子和老人幸福的生活。病好之后，她一改往日拼命三郎的样子，把更多的时间和精力用于陪伴家人、调养身体。

幸运的是，娜娜在体检中及时发现了身体的异常。这也算是命运之神给她敲响的警钟。如果不是体检，如果任由疾病发展下去，后果简直难以想象。倘若娜娜突然撒手人寰，最可怜的必然是年幼的孩子，最痛苦的必然是生养她的父母。而工作，还能找到合适的人去做。金钱和名利，也无法挽回娜娜的生命。女性朋友们，我们一定要以此为戒，不管生活的压力多么大，不管工作的动力多么足，一切也都要建立在健康身体的基础上。只有我们健康地活着，我们挚爱的亲人才有幸福可言。

第 11 章
做一个自信的女子，你若盛开蝴蝶自来

很多时候，我们都太过在意别人的目光。我们就像是为别人而活，而不是为自己而活。但丁曾经说过，走自己的路，让别人去说吧。不管别人怎么看，我们都要看好自己。即使全世界都否定你，只要你自己不放弃，你就一定能够获得成功，活出最精彩的属于自己的人生。

自信，是你坚强的武器

生活中，我们不喜欢盲目自信的人，也同样不欣赏盲目自卑的人。自卑，使人们蒙蔽了自己的眼睛，无法发现自己身上的优点和长处。自卑的人似乎有着形形色色的理由，他们的内心通常都很脆弱。例如，很多女人因为自己眼睛不够大或者皮肤不够白而自卑，有些女人因为自己的身材不够高挑而自卑，还有些女人因为自己没有显赫的家世而自卑。其实，这些都是先天的或者是无法改变的，只要我们足够努力，根本没有必要因为这些事情而自卑。这个世界之所以如此精彩纷呈、五彩斑斓，正是因为有高矮美丑的区别。如果每个人都长成一样的，那岂不是无所谓美了吗？即使长得丑，也无须自卑，因为美还分为内在与外在。只要我们的内心是美的，又有什么人会因为这些理由笑话我们呢？那只能说明她的内心是邪恶的。很多时候，并非别人瞧不起我们，只是因为我们不够自信。因为自卑，我们总觉得自己不如别人，觉得别人处处高我们一等。其实，每个人都是平等的。只要我们放宽心态，积极乐观地面对生活，生活就一定不会辜负我们。只要拥有了自信的武器，原本怯懦的我们很快就会变得强大起来。试问，谁敢说自己是没有任何缺点和不足的呢?！只要你用心，就一定能发现自己的优点和长处，这样才能拥有最精彩的人生。

自古以来，中国人就说“是金子总会发光的”。这个道理不仅仅适用于中国人，全世界范围内都是同样的道理。钢铁大王安德鲁·卡内基也曾经说过："与人相处，就像在泥沙里寻找金子。你的目的很明显，就是寻找金子，根本无须在意旁边的泥土。如果我看不到一个人身上闪闪发光的金子，而只看到他身上的泥土，那么我永远也不会有收获。相反，如果我们一心一意地只盯着金子，那么早晚有一天，我们肯定能发现泥土下的金子。"实际上，我们不仅仅要以发现金子的态度对待别人，也要以发现金子的态度对待自己。对于自己，卡内基还说："虽然我知道自己有很多缺点和不足，但是我却从不因此而自卑，因为它们不值得我放在心上。我知道，要想战胜它们，我就必须克服它们，努力发挥自己的优点和长处。正是因为这样，我根本没有时间因为自己的缺点和不足顾影自怜。"我们也应该向卡内基学习，努力地找到自己的优点和长足，使自己自信地面对一切，只有这样，我们才能变得坚强，才能勇敢地面对人生。

波尼已经 50 多岁了。她看上去很好，精神矍铄，信心十足。10 多年前，波尼可不是这样的。那时，40 多岁的她是一名教师，因为某些原因，她失去了工作。起初，她非常焦虑，觉得自己失去了人生的方向，不知道每天应该干什么。为了维持生计，她整日奔波着找工作。直到一个偶然的机会，她参加了培训班，渐渐树立了自信。后来，她找到了一份给幼儿园的孩子讲故事的工作。由于以前是教师，所以她做起这份工作来得心应手。她每天晚上都精心地挑选故事，第二天上班时讲给那些天真可爱的孩子听。为了使孩子们喜欢听故事并了解故事的情节，她还利用课余时间制作了很多幻灯片放给孩子看。看着孩子们高兴的样子，波尼越来越自信了。

在朋友的建议下，波尼辞掉了其他兼职工作，决定把为孩子讲故事这个工作当成自己的事业。她很有信心，坚信自己一定能够把这份工作做好。回想起自己刚刚失去工作时的彷徨自卑，波尼很庆幸自己找到了一份能够使自己充满信心的工作。当时，她因为年龄大被很多用人单位拒绝，如今，她的年龄却成了她的优势。丰富的生活体验和曾经的教师生涯，使她把故事讲得生灵活现，而且具有一定的启迪性。

对于大多数女性朋友而言，现在肯定都没有到50多岁呢。和波尼比起来，你们有着更大的优势。既然波尼都能找到自己的优势和长处，你们为什么不能呢？试想，如果波尼当初在遇到困难的时候止步不前，那么，如今又怎能够充满自信地面对工作和人生呢？每个人都应该像波尼一样充满自信，战胜人生中不期而至的困难，成就自己的精彩人生。

记住，对于任何人而言，如果没有自信，人生就没有进步。现代社会尽管提倡男女平等，但是男性依然在工作中占据着一定的优势。作为女人，我们必须甩掉自卑的包袱，拿起自信的武器，勇敢地面对人生。

从各个角度了解自己

传说在古希腊的奥林匹斯山上有一座神庙，神庙里竖立着一块石碑，上面刻着一行大字——“人，认识你自己！”这是众神之神宙斯给予人类的忠告，而对于女人来说，这更是必须牢记在心的箴言。

认识自己、了解自己是拥有快乐人生的前提。无论婚姻也好，事业也好，还是女人的一生，若是无法清醒地认识自己、了解自己，不但会走许多弯路，而且会令自己的心情一直沉浸在牢骚不满和自怨自艾中无法自拔。人的一生需要做无数次的抉择，假如对自己没有全面、清楚的了解，就无法知道究竟什么才是最适合自己的。有些女人一辈子不快乐，不是因为自己没有能力，而恰恰是因为不知道自己想要的是什么，究竟怎样才能获得自己最渴望得到的成功。

全面而客观地认识自己、了解自己是比较困难的，它不但要求女人有一颗敢于面对自我的平常心，而且要求女人有正确认识自己的途径和方法。不要因一时的失败而妄自菲薄，也不要听信他人的意见而被轻易左右。人的一生难免会有成功和失败，要学会在成功中总结，更要学会在失败中学习。

离婚不是终结，而是开始

“离婚”，这个字眼对于中国女性来说是可怕的，即便在思想解放的今天，一旦听说某个女人离婚了，种种不怀好意的揣测、莫名其妙的同情以及各式各样的困扰便纷至沓来。正是因为如此，所以很多女性宁愿委曲求全也不愿迈出“离婚”这一步。然而婚姻是爱情的延续，爱情需要的是两颗心的碰撞，假如心都已经冷了、情也散了，那么只用一纸婚书将两个早已没有感情和共同语言的人捆绑在一起，痛苦的不仅仅是对方，自己更会陷入婚姻名存实亡的痛苦深渊。

在婚姻中，很多女人往往选择做“弱者”，企图用眼泪和软弱挽留男人那颗早已变质的心；也有的女人豁出性命“捍卫”自己的婚姻，“一哭、二闹、三上吊”。然而法律并不同情弱者，男人变心后会比石头还冷酷无情。无论是无可奈何的离婚也好，还是名存实亡的婚姻也好，都不会给女人带来幸福，能创造幸福的只能是女人自己。很多女人不肯离婚、不愿离婚、不敢离婚，归根究底其深层次的原因就是因为“害怕”二字。

宣宜做梦也想不到原本最爱自己的老公竟然会提出离婚。

宣宜为了这个家可以说付出了一切，包括她自己。当初宣宜不顾家庭地位的悬殊，毅然嫁给这个乡下的穷小子，就是因为看中了他的踏实、憨厚，对自己掏心掏肺的好。婚后为了支持丈夫的工作，她还辞职做了家庭主妇，只让他在外安心打拼，自己则全力照顾好家庭和孩子。

然而现实不是童话，恶俗的肥皂剧竟然在自己身上验证了：老公有了外遇，并提出离婚，理由竟然是她与社会脱节，两人完全没有共同语言。

宣宜从小好强，她不愿意对一段早已没有意义的感情死缠烂打，于是毅然在离婚协议书上签了字，当然，她也没有那么傻，争取了儿子，还尽可能地争取了最大的利益：房子，还有大部分的存款。老公毕竟有些心存愧疚，只要她的条件不过分，基本都满足了她。

离婚后，宣宜托人将儿子送到最好的寄宿学校，自己则报名参加外语培训。宣宜原本就是外语系的高才生，只不过因为这么多年没接触，有些生疏了而已。因此，别人需要一两年才能学完的课程，她半年就学完了。完成培训之后，她开始了应聘工作，其良好的外在形象、流利的英语对话能力以及她充满自信的言行举止都令她在一群青涩的大学生中熠熠生辉、光彩夺目。很快，宣宜就找到了一份满意的工作——在一家世界500强企业做总经理助理。

事业成功的同时，宣宜也不忘重新开始自己的感情生活。她不像那些“一遭被蛇咬、十年怕井绳”的离婚女子，对男人耿耿于怀、咬牙切齿，她认真分析了自己婚姻失败的原因，更反省自己的过失，她认为如今的自己更有能力把握婚姻的幸福。所以她勇敢地再次追求爱情、追求幸福的婚姻生活。

多次相亲之后，宣宜遇见了如今的老公——一位知名大学的教授。虽然年龄比她大10岁，但是他温文尔雅、善解人意，由于妻子和女儿在车祸中不幸去世，所以他更加渴望幸福、稳定的婚姻生活。他对自信坚强的宣宜十分欣赏，更怜惜她在婚姻中所受的伤害，他也很喜欢宣宜的儿子，主动提出由于自己工作比较自由，所以从此由他接送孩子上学，让孩子回归家庭。儿子欢呼地跳起来，搂住教授的脖子，宣宜的眼中泛起了泪光。她知道，自己新的幸福终于再度启程了。

卢梭曾经说过：“人要是惧怕痛苦，惧怕折磨，惧怕不测的事情，那么他的人生就只剩下‘逃避’二字。”然而悲剧并不会因为你“害怕”，它就绕道而行。有人说，女人要善待爱人、善待婚姻，才能守住爱情、守住幸福。但幸福并不是守护就可以长留身边的，如果婚姻已经走到了尽头，不如潇洒一点，放掉对方，也放掉自己，或许有更大的幸福会在前方等待着你。宣宜是聪明的，她选择了放弃一段腐朽的婚姻，又开始了另一段充满新鲜活力的幸福，其奥秘就在于她不“害怕”。

女人的外表可以柔弱，但内心一定要强大。不要认为离婚了，天就塌了，要相信自己，更要相信未来。将离婚作为埋葬过去不幸的终点，并将其作为开始新的幸福的起点，只有这样，你才有再次幸福的希望。

幸福把握在自己的手中，别人不是你命运的主宰。不要奢望世界会因为你的痛苦而改变，而要点燃对未来的希望和信心才能收获成功、收获幸福。记住这一点：你，才是自己的主宰！

没人像你那样在乎你

“女人，要善待自己。”这是一句不知道什么人说过的话，但却是一句至理名言。是的，女人要学会善待自己，因为只有善待自己、爱自己，才有能力善待家人、爱人和他人。

然而，很多女性却不知道如何关爱自己，她们将所有的爱甚至生命都献给了丈夫和孩子，然而“回报”往往却是可悲的：丈夫对她的付出毫不在意，甚至指责她俗气、无法交流；孩子对她的付出无动于衷，认为这本是天经地义。当岁月蹉跎、时光逝去，而皱纹却悄悄爬上额头、改变了容颜时，女人常会揽镜长叹。与其将命运交到他人的手中，不如多爱惜自己，要知道，女人若连自己都不心疼自己、爱惜自己，那么又有谁会爱惜你、在乎你呢？

沫沫和男友分手已经快一年了，但她依然没有走出失恋的阴影。

这天是“白色情人节”，也是沫沫和男友相识3年的纪念日。沫沫独自一人在家，翻看着那些曾经甜蜜的老相片，听着熟悉的老歌，沉浸在悲伤和失落中无法自拔。

门铃响了，进来的是沫沫的好友小琪。小琪一见沫沫的样子，便气不打一处来，大声嚷嚷说：“你又在祭奠你那死去的爱情？”

这是沫沫心中不能触碰的伤口，她大声说：“别管我，你走！”

“我偏不走，我要让你看看你心目中的‘男神’究竟是怎样的一副嘴脸！”小琪边说边从背包里掏出一大叠照片，“你看看吧！这全是那个口口声声说只爱你一个的‘痴情种子’和别的女人的合影，你自己看！”

女人各不相同，而男主角却只有一个，那就是沫沫心心念念、难以忘却的前男友。沫沫一声惊呼，掩面不敢再看，而小琪却硬掰开她的手，将照片塞到她的眼前：“你沉溺在悲伤中无法自拔，而他却在新欢里左拥右抱。你看你现在的样子，不要说男人，连我都不愿意看见你！”

小琪将她拖到镜子前，沫沫看着镜中那个脸色苍白、形销骨立的女子，连自己都难以相信这就是一年前那个光彩照人、明媚动人的自己。

“他不在乎你，你又何必将自己弄成这个样子？你就算死了，他也不会掉一滴眼泪。难道你敢否认我说的不是事实吗？”小琪的话如同锥子一般扎进沫沫的心里。“一个不爱自己、不在乎自己的女人，怎么可能让别人爱你、在乎你？”

是啊！镜子中的人连自己看了都厌恶，更何况别人？小琪的话虽然伤人，但却句句在理。一味地沉浸在悲伤中，除了让自己迅速地憔悴、枯萎，又何尝有别的任何一点好处呢?

沫沫虽然不能一下子摆脱失恋的痛苦，但是她决定从今天起好好爱惜自己。被别人爱的女人是幸福的，但被自己爱的女人却是睿智的。岁月匆匆，人生短暂，只有珍惜自己，才能让别人爱上你、在乎你。

善待自己的女人懂得如何让别人欣赏自己，只有学会善待自己的女人，才能将生命活出精彩。失恋的沫沫沉浸在悲伤中难以自拔，但她却忘记了不爱的人早就不在乎你的心有多伤、有多痛。别期望用眼泪让男人回心转意，爱情不等同于怜悯，当对方的爱已不在时，要记得自己爱惜自己、自己在乎自己。

曾经有人做过一项调查，问女人："你最想从另一半那里知道的是什么？"大多数女人会选择："他还爱我吗？"其实对于女人来说，最重要的问题不是他是否还爱你，而是你是否还爱自己。每个人其实都是一样的，假如一个连自己都厌弃的人，你又怎可能会有动力去爱他（她）呢？

爱情会破灭，婚姻会解体，世界对弱者没有同情，只有嘲笑。作为女人，绝不要将自己变为某一个人的附庸，丈夫不行，孩子也不行，女人必须做自己的主人。没有自我的爱和付出只会增加不公平性，而事实往往是你付出的越多，对方越麻木。不要奢望别人会因为你毫无自我的爱和付出而感恩戴德，学会自尊、自强、自重、自爱，柔软地、温和地关怀自己、体贴自己，才是聪明女人应该学会的。正如印度的奥修所说的那样："学习如何原谅自己。不要太无情，不要反对自己。那么你会像一朵花，在开放的过程中，将吸引别的花朵。石头吸引石头，花朵吸引花朵。如此一来，会有一种优雅的、美妙的、充满祝福的关系存在。如果你能够寻得这样的关系，那将升华为虔诚的祈祷、极致的喜乐，透过这样的爱，你将领悟到神性。"

走自己的路，让别人说去吧

世上的路千条万条，有阳关大道，有独木小桥，适合自己的，才能最正确的。

然而很多女人在选择道路时，考虑最多的并不是哪一条路是最适合自己的，而是被太多外界的因素所干扰，无法平心静气地作出最正确的选择。虽然古人说："得言不可不察。"但在听取他人建议和意见的同时，也要有自己的主见和分析。没有人比你自己更懂你自己，如果凡事按照别人的思路去思考问题，那么你永远都无法得出正确的结论，也永远与成功擦肩而过。走自己的路，做自己想做的事，努力实现自己的人生使命，女人才不枉活一场。

“走自己的路，让别人去说吧！”这句但丁的名言流传了千百年，几乎人人都会说，然而现实生活中有这般勇气的女人却并不多见。因为女人的细腻、因为女人的柔弱，所以在选择道路时，女人往往比男人更多了一层顾忌和疑虑。芸芸众生，每个人都有自己的秉性和特征，女人要根据自身的条件，听从内心的召唤，选择自己想要的生活，用自己的脚踏出光明的前程，这才是真正聪明女人的抉择。

在众人眼里，冰冰是一个十足的“幸运儿”。她出身于一个建筑商人的家庭，父亲有着庞大的房地产产业，而她自己也是国内知名大学的建筑系毕业，与土木工程系的高才生结为夫妻。父亲病逝后，冰冰继承了父亲的事业，成为身家过亿的大老板。

但是冰冰却始终不快乐，令人意想不到的是她竟然被诊断得了忧郁症，每天都必须服用大量的安眠药才能入睡。刚刚年过30的冰冰看起来要比实际年龄大好几岁，虽然老公一如既往地爱着她，但她却总是疑神疑鬼，不但令老公烦扰不堪，也令自己心力交瘁。

一场突如其来的车祸令冰冰昏迷了整整三天三夜，当她从医院的病房醒来时，突然发觉生命竟然如此脆弱，而自己几乎从未享受过真正的快乐就差点离去。其实她早就知道自己不快乐的原因：她讨厌建筑，尤其是看到人们为了买自己开发的楼盘而债台高筑、缩衣节食时，她就不由自主会有一种犯罪感。而她的一生都不是为自己而活，大学时选择专业，是为了今后继承父亲的事业；如今从事着自己并不喜欢的建筑业，是因为害怕对不起父亲临终的嘱托。因此她决定要换一种活法，无论人们怎么想、怎么看，她都要活出自己。

于是她将公司交给丈夫打理，而自己却去了印度学习瑜伽。两年后她学成回国，自己开了一家瑜伽馆。认识她的人都无法理解，她那么富有，竟然要靠教授别人瑜伽课程来谋生；更有人担心她将事业交给丈夫，丈夫会卷走她的财产。然而冰冰却不以为意，因为她发现自己终于找到了自己的兴趣所在，也找到了生活的真正意义。建筑并不是她的理想，她想要的是心灵的修养。事实证明，她的选择是正确的：如今的冰冰虽然已年近40，看起来却比前些年更加容光焕发；而她与丈夫之间的感情也更加融洽了，她的自信、淡定和从容不但赢得了丈夫的心，更赢得了丈夫的尊敬。

台湾著名心灵作家张德芳曾说过："说到底，人要对自己负起全责，大自然的最高力量就在于我们的内心，人只有找到真正的自己，才能和自己和平相处。"一个不知道自己想要什么的女人是可怜的，而一个知道自己想要什么、却不敢去做的女人则是可悲的。在旁人的眼中，冰冰是"幸运儿"；但是只有冰冰自己内心知道自己的痛苦。所以，与其内心挣扎痛苦，不如勇敢做回自己。别人的羡慕算什么？别人的嘲笑算什么？别人的不理解又算得了什么？走自己想走的路，过自己想要的生活，内心才能找到真正的快乐，生命才能实现真正的意义。

勇敢、智慧的女人要学会拨开各种社会关系所造就的层层迷雾，要听从内心的召唤，破除他人强加于自己身上的意志和命运，做一个真实的自我，这才是做成功女人的真正秘诀。因为你就是你，只有你才能对自己负责，别人又岂能决定你的选择呢？

第12章
做一个清醒的女子，学会随缘不去强求

自古以来，爱情就是人类永恒的史诗。不管是在古代、近代，还是在现代以及遥远的未来，人类都无法脱离爱情而活着。可以说，爱是人存在于世的主题。没有爱，人类作为万物灵长的存在还有什么意义呢？在漫长而又艰难的人生之中，我们有太多的苦要吃，有太多的磨难要经历，爱恰恰是调味剂，帮助我们把人生变得甜蜜。即便爱情如此重要，我们也依然要保持清醒和理智，做到爱得恰到好处。

强求总无果，爱需要缘分

“缘分”是一个很美好的词，但有时也是一个很凄凉、无奈的词。男女之间的爱情是讲求缘分的，人们常说：“有缘千里来相会，无缘对面不相逢。”有些男女，相识了一辈子，但就是擦不出半点火花；而有些男女，第一次见面，便如同前世相识，一霎那电光石火，两心相许。这便是缘分，无从捉摸，却又确实存在。

有人曾讲过这样一个故事，很能解释究竟什么是“缘分”：三个男子走过沙滩，看见沙滩上躺着一位受害的女子。第一位男子叹息着摇摇头，走开了；第二位男子将衣服脱下盖在女子身上；第三位男子亲手挖了个坑将女子掩埋。后世轮回时，第一位男子与女子是陌路人，因为他们没有缘分；第二位男子与女子成为恋人，但因为缘分不够，所以一段时间后分手了；第三位男子与女子结成了夫妻，相伴一生，因为他们前世有缘。

也曾有科学家用精密的仪器和现代的科技手段来分析这神奇的“缘分”，比如有一位名叫伯特纳的电磁学专家就发表过一篇文章，专门解析了为何有的人可以一见钟情、两情相悦，而有的人却一辈子冰炭不相融的奥秘。他说：“每一个人的体质不同，脑细胞分裂与组成的速度，不但决定一个人的思维能力以及情感的深浅，同时还有一种电磁发生。这种电磁可以使异性产生爱慕或憎恨，这种电磁常在第一眼看见对方时就有了感应，彼此之间，磁力辐射，尺度愈是接近，就越是发生爱情。所谓一见钟情，那是可能有的，两个人发生的电磁非常接近，就自然有喜悦之感。”

相信很多女人看到这里，肯定有恍然大悟之感，原来我爱他、他不爱我，或者他爱我、我却不爱他，都是有原因的，用中国的传统观念来解释：那就是缘分不够；用国外的科学来解释，那就是两人的磁场不同。如此一想，之前因为失恋而耿耿于怀的心就放下来了，不是自己不够优秀，也不是因为自己用情不深，原来一切皆是缘分天注定。既然如此，不如坦然接受上天的安排，从此多一份坦然和潇洒，少一些强求与痛苦，相信真爱一定在不远处等待着自己。

这是一个真实的故事：

霞面容姣好、身材秀美，她和军是同一年大学毕业，并同时应聘到公司的。军博学多才、温文尔雅，大家都说霞和军是天生的一对。霞一见到军就心生爱意，在她的追求下，军最终答应和她交往。

但是经过半年多的深入接触，军越来越发现霞的个性偏执、脾气暴躁，并不是自己理想中的爱人，于是便提出了分手。霞自然不肯，先是哭哭啼啼，后是大吵大闹，最后竟然以死威胁。军不胜其烦，留下一封分手信，自愿去了西北分公司，希望时间和地域的分隔可以让霞冷静下来。

军在分公司工作很勤奋，并且取得了不俗的成绩。更令他开心的是，他在那里遇见了莲，一个如莲花般温柔、娴静的女子，正是他心目中爱人的形象。一年的相处之后，军和莲结为了夫妻。

又过了两年，军升任为公司的副总，并调回总部上班。霞依然单身，见到比以前更加成熟儒雅的军，霞不顾对方已经结婚，再度苦苦追求。军断然拒绝了她，她便想方设法破坏军和莲之间的感情，不但逢人便说当年是莲插足他们之间的感情才使军移情别恋，还将自己和军以前的亲密行为写成文字，寄给莲。但这一切都没能破坏军和莲的婚姻，他们还有了可爱的儿子。妒火中烧的霞丧失了理智，她趁军出差的一天夜里，偷偷溜进莲的家中，在和莲发生口角时，她失手杀死了莲，并将军和莲的儿子从楼上抛下，孩子也死于非命。

军得知这一切之后，精神失常，霞也受到了法律的严惩。

“爱，不是伤害的借口。”然而被爱烧昏了头脑的霞却将自己一厢情愿的爱当作武器，刺伤了别人，也刺伤了自己。《京华烟云》中有一句话说得极好：“命里有时终须有，命里无时莫强求。”缘分如此，爱情亦是如此。虽然有人说这未免有些悲观宿命的意味在里头，但对于女人来讲，看开一些总比执迷不悟要好得多。理智上解不开的问题，情感上抹不平的伤痛，或许都可以用“缘分”二字来使自己释怀，只要能让自己想开、放下，即便是所谓的“阿 Q”精神，那又何妨呢?

爱情不可不求，但绝不能强求，否则就是和自己过不去，平添烦恼和伤痛。相信缘分，在对待“求而不得”的爱情问题上，就可以平心静气得多。俗话说：“缘分到了莫放手，缘分尽了莫强求。”缘分已尽，就让他自由地飞，何必苦苦强求，束缚了他，也束缚了自己？随缘，女人就可以活得随性，活得自在，活得潇洒。

坦然面对月老的安排

关于“月老”的传说，有一个很有意思的传说：

唐朝有个名叫韦固的人，到了结婚年龄，却迟迟找不到合适的对象。有一天，他夜间出行，发现一个老人坐在月下，翻看着一本簿子，于是便上前询问。老人回答，这是主管人间姻缘的本子。韦固问自己未来的妻子是谁，老人回答：“姻缘未到，你的妻子才 3 岁，要等到她 17 岁的时候才能嫁给你。”当韦固看到自己的妻子是卖菜人的女儿，并且相貌丑陋时，不由大怒，说：“那我就杀了她！”韦固叫仆人去杀她，不料仆人失手，只在她眉心划了一道，并没将她杀死。

14年后，韦固做了刺史王泰的手下，王泰见他聪明能干，便将自己的女儿嫁给了他。夫人十分贤淑，韦固很满意，只是她的眉间总是戴着一块花钿，无论什么时候都不取下。经韦固再三追问，夫人才说这是小时候和奶妈陈氏到市场卖菜的时候被一歹徒刺伤的。韦固这才恍然大悟，原来夫人正是当年卖菜人手中抱着的3岁孩童。这时，他才真正相信“姻缘天注定”这句话。

这虽是个传说，但却表现了中国人朴素的爱情观和婚姻观。在追求爱情和婚姻自由的现代女性看来，这样听天由命的爱情和婚姻是消极的、悲观的，更是被她们嗤之以鼻的。诚然，勇敢地追求爱情并没有错，但“惜取眼前人”则更是婚姻中应该采取的明智做法。

现代女性的婚姻通常有两种情况：一种是经过轰轰烈烈的恋爱之后，水到渠成地走入婚姻；还有一种则是年龄大了，随便找个条件还马马虎虎、过得去的男人结婚算了。第一种婚姻有爱情基础，但婚姻毕竟不同于爱情，柴米油盐、生活琐事渐渐代替了浪漫，而矛盾和摩擦却在一天天增加，于是便应了那句老话——“婚姻是爱情的坟墓”，女人的心中自然生出许多不满和愤懑；第二种女人更觉得憋屈，虽然结婚了，但总觉得生活亏欠了自己，对现在的丈夫横竖看不顺眼，哀叹命运不公，怀念逝去的初恋，更有甚者“大胆地”追求婚外“真爱”。其实，很多时候，幸福就在自己的手里，只不过自己并没在意，常常要等到失去才后悔莫及。

悔恨来得太迟，女人总是在失去后才后悔拥有时未曾珍惜。世间的很多婚姻都是如此，很多女人总埋怨婚姻的不如意，身边男人不是自己想要的，却忘记了切实握在手中的才是真实的幸福。俗话说：“百年修得同船渡，千年修得共枕眠。”月老的安排总有天意，能与你相守的必定是有着千年缘分的，你又有什么理由不珍惜呢？

这山望着那山高的女人永远不会知足，而不知足的女人是永远得不到真正的幸福的。要记住：当你羡慕别人的时候，或许你也正是别人羡慕的对象。所以珍惜自己的姻缘，爱惜自己的枕边人，女人才能得到真正的幸福。

耐心等待你的真命天子

电视剧《我们结婚吧》在银屏热播后，引起了众多女性观众的共鸣。随着女性学历、才华、能力等各方面综合素质的提高，结婚反而变得越来越难了。女人之间甚至流传着这样一句话："为什么好男人都做了别人的老公？"其实这世界并不缺乏好男人，缺乏的是耐心。

不要因为到了结婚年龄却没有遇到令你心动的男人，不要因为外界的闲言碎语令你心烦，也不要因为父母的催促而急于交差就匆匆忙忙将自己嫁了。要知道，女人如果不为自己的婚姻负责，那么也没人会为你的幸福埋单。

嘉珍眼看着身边的同学、朋友一个个结了婚，而自己的另一半还在"天上飘"，心中不由得着了急。再加上父母催促得紧，又怕别人笑话自己是嫁不出去的"剩斗士"，于是便着急想把自己嫁了。她请亲戚朋友给自己介绍对象，又在各大相亲网站注册信息，希望早点找到自己的"真命天子"。

好友晓丹见嘉珍这段时间频繁相亲，心中有些担忧，委婉地劝她说："婚姻是要讲求缘分的，茫茫世界总有一个爱你的、你爱的人在等着你。不要太过匆忙就把自己嫁了，要擦亮眼睛，耐心等待。"

嘉珍却不以为意，她半开玩笑地对晓丹说："你是吃饱的人，哪知道我们这些'饿汉子'的饥呢？你看，我身边哪个没有老公疼、孩子闹的？我一个人孤零零、冷清清的滋味你哪能体会？"

于是嘉珍不顾好友的劝告，遇见一个条件还马马虎虎过得去的人，并且正好对方也急着结婚，就匆匆忙忙结了婚。

正所谓“婚姻是爱情的坟墓”，何况这种本身就带有“凑合过”性质的婚姻呢？新婚刚过，嘉珍就感觉到了两人步调的不合拍：嘉珍喜欢热闹，而老公却性格沉闷；嘉珍有些文艺范，而老公却有些呆板，没有情调；嘉珍是城里姑娘，有些小姐脾气，而老公却是大山里出来的高才生，两人的金钱观、为人处世以及家族观念都有着很大的不同。从生活琐事开始，两人渐渐发生了口角，从此后小吵大闹三天两头发生，老公骨子里“男尊女卑”的思想作怪，有时竟将嘉珍打得鼻青脸肿。

嘉珍终于受不了这样的婚姻，3个月不到，便主动提出离婚。按照婚前协议，主动提出离婚的人要净身出户，嘉珍除了带上自己的衣服和杂物，什么都没带，就搬出了两人一起还贷的新房。晓丹劝她走法律程序，讨回属于自己的那一份财产，嘉珍却一刻也不想再等，她说：“让我再多看一秒钟那张嘴脸我就要作呕，我宁愿什么都不要。”晓丹心中暗暗叹息：“嘉珍啊嘉珍，要是婚前你愿意多一点耐心、多一点等待、多一些了解，也不至于草率走进令自己不堪忍受的婚姻啊！”

是的，爱情有时的确需要耐心的等待。并不是说女人不可以主动出击追求爱情，而是不能盲目、草率地决定自己的终身。2005年俞敏洪在对新员工的一次讲话中这样讲道：“我们的人生是不可能完美的，所谓完美只不过是你在追求过程中的一种期待而已。有一个圆要去寻找自己缺失的一角，最后历经千辛万苦找到了，但发现完美的圆滚得太快、太远，以至于失去了生命的诗意，最后终于把那一角放弃，带着缺失一角的遗憾，继续走向天涯海角。生活中既然有很多遗憾，我们就要付出很多努力，争取让自己的人生更加丰富。我觉得最好的方法就是等待和珍惜。然而，生活中有很多东西是不能被动等待的。等待只是为了获得更多的主动，等待最好的时机需要最好的耐心。”

很多女人的婚姻不幸福就是因为在婚前没有想好自己究竟要的是什么。婚前要学会耐心等待，等待自己的真命天子；婚后要学会珍惜，珍惜婚姻、珍惜家庭、珍惜眼前人，这是一切幸福女子的根本。坚持等待、坚守信念的女子是值得敬佩的，她们就如同喧嚣城市中那一株空谷幽兰，宁愿高傲地发霉也不愿委屈地恋爱。

一切美好的事物都是需要耐心等待的，学会等待，爱情才会从世俗的尘土中开出花来。所以，女人，在你的白马王子、真命天子还未到来之前，请不要轻易将自己嫁掉。

守望，爱情不会辜负你

讲究恋爱自由的西方人曾嘲笑东方社会的爱情——父母之言、媒妁之命，婚前连面都没见过，却要在一起过一辈子。然而，事实证明，西方追求爱情自主，离婚率却居高不下；而我们的父辈们，虽不会将“我爱你”三个字时时挂在嘴边，但是却牵手走过人生，相濡以沫一辈子。如今，虽然时代发展、思想进步了，但是对爱情的守望、对婚姻的坚贞，我们却依然要向父辈们学习。

当然，“守望爱情”不是教导女人要在婚姻中委曲求全，即便真的过不下去了也要忍辱负重、坚守婚姻；而是要让女人学会拒绝诱惑、守望爱情，要知道，“君当作磐石，妾当作蒲苇。蒲苇纫如丝，磐石无转移。”忠贞于爱情的女人，爱情必然也不会辜负于她。

1945 年 8 月，“二战”期间。苏联红军 21 岁的情报官伊万·贝夫希赫因工作需要，来到德国中部的一个村庄。在那里，他与美丽的德国少女丽莎相识并相爱了。他俩私定终身，并约定一辈子相爱相守。由于当时苏联和德国是交战双方，他们的爱情是不被允许的，所以两人一直没有得到结婚的许可。后来贝夫希赫奉上级命令离开了丽莎的家乡，被派到其他城市；

再后来，苏联军队撤回国内，贝夫希赫也随着军队撤离了德国。他们两人一分开就是10年，但10年里，他们靠书信保持联系、互诉衷肠，并一直梦想有朝一日可以结为夫妻。

然而美梦在1956年的一个清晨被彻底粉碎了，贝夫希赫受到上级的警告：永远不许和德国人结婚，并且要立刻断绝和德国人的一切书信往来，不然的话，他就会被拘捕下狱。贝夫希赫绝望了，他给丽莎写了最后一封信，告诉她今后不要再给他写信了，因为自己马上就要结婚了。

丽莎收到信件后悲痛欲绝，她封锁了自己的爱情，靠着对贝夫希赫刻骨铭心的回忆一个人生活着。而贝夫希赫则经历了两次不幸的婚姻，并且都很快离了婚。

时光飞逝，转眼40年的光阴过去了，一个偶然的机会，贝夫希赫的女儿发现了丽莎给父亲的信，于是鼓励父亲前往德国寻找自己当年的心上人。历尽千辛万苦，整整用了11年的时间，终于在2005年找到了丽莎。

两年后，这对跨越两个国度、历经60年风雨的恋人终于再度重逢，而当时，他们都已经年过八旬了。

幸福永远不会嫌晚，即便经过60年的等待那又何妨？真正的爱情不仅仅是身体的吸引，更是心灵的交汇、意志的融合，时间又算得了什么呢？

恋爱中的人总喜欢说"缘定三生"的话，似乎谈一辈子的恋爱还不够，要把自己的下辈子、下下辈子都交付给对方；然而这世界变化太快，人心的变化永远比世界的变化还要快上一步。花心、出轨、劈腿并不只是男人的专利，忠贞于爱情的女人也越来越少。有些女人喜欢用各种各样的借口为自己轻佻的情感和出轨的行为开脱，然而，对待爱情和婚姻，感情和责任永远是并重的，坚守责任、保持专注的女人才配得到幸福。

罗曼·罗兰曾经说过："婚姻的伟大之处，在于唯一的爱情，两颗心的互相忠实。"邓颖超也曾经说过："男女的友情，应该讲忠实坚贞。爱情不应是占有，而应是双方互守的专一。只有专一的爱情，才能巩固婚姻，获得幸福和愉快的生活。”所以，女人，请做一个心灵与爱情的守望者，相信若你忠贞于爱情，爱情必定会回报你幸福和快乐。

爱不是捆绑，更不是束缚

人们常说：爱情需要坚守，但那是建立在两情相悦、两心相许的基础之上，如果对方对你没有爱情，而你却死打烂缠、纠缠不休，那就没有任何意义了。有时候，痴情也是一种罪过，因为过度的痴情就像一把烈火，不但烧毁了对方，也烧焦了自己。

云岚从未想过，竟然有一天，叶浩会向自己提出离婚。

云岚是当年的校花，父亲是大学副校长，母亲是第一人民医院的科室主任，不知有多少人追求，而她偏偏看上了老实巴交的乡下穷小子叶浩。父母虽不同意这门亲事，但拗不过倔强的爱女，最终还是同意了。叶浩在云岚父亲的帮助下，留校任教。后来学校和地方成立了一个合作项目，叶浩被委任为负责人。几年过后，叶浩积累了资金和人脉，离开了学校，自己下海经商，很快就小有成就。

云岚一直相信“男人有钱就变坏”这句话，再加上自己已年近40，内心更加没有安全感。为防止叶浩“变坏”，她辞去了工作，变成了一个专门的“地下工作者”，不但经常翻看叶浩的手机通话及短信记录，甚至还常常跟踪、盯梢叶浩，并且经常对叶浩的公司实行“突击检查”。她整天疑神疑鬼，令叶浩不胜其烦，而他“家有悍妻”的名声也传在外，朋友、客户经常拿他取笑，令他感觉很没面子。

然而越怕鬼，鬼却偏偏找上门来。终于有一天，叶浩向云岚提出了离婚：他将一切财产留给云岚，自己除了公司，净身出户。云岚几乎崩溃，但她立刻歇斯底里地叫道："想甩了我？没那么容易！我就是缠也要缠着你一辈子，要死大家一块儿死！"于是，一场"惨不忍睹"的"婚姻保卫战"就此拉开了帷幕。

云岚三天两头到叶浩的公司哭闹，上吊、割腕、跳楼的闹剧接二连三地上演。尽管叶浩告诉她：自己只是因为受不了她的疑神疑鬼才提出的离婚，并没有任何女人插足，但她根本不相信。为了找出那个破坏她家庭的"第三者"，她找到每一个和叶浩有联系的女性，不论是公司员工、朋友，甚至是客户，对人家大肆侮辱、无理纠缠。这一切令叶浩再也难以承受，他黯然关掉了公司，一个人从这个城市消失了。

叶浩走了之后，云岚才开始后悔自己的所作所为，没有叶浩的消息，云岚如同没有了魂魄的幽灵，一日日憔悴。她的爱就像一把双刃剑，不但逼走了自己最爱的男人，也令自己痛不欲生。

爱一个人并没有错，但是当你的爱对对方来说已经成为一种束缚、捆绑乃至伤害时，那便是大大的不应该了。爱并不只是一个人的事情，如果自己的付出得不到回应的话，不如果断放手。尽管当初两个人爱得死去活来，但是当爱已成往事时，不要让爱成为伤害他人、伤害自己的借口。爱情是祈求不来的，更是捆绑不住的，即便你留住了对方的人，也留不住对方的心，每日相对无言，每天彼此折磨、度日如年，这样的"爱情"要了又有何用？

所以，爱情最大的悲哀就是你爱的人不爱你，既然输了，就要输得漂亮，女人起码要保持自尊、自爱，不要胡搅蛮缠、死打烂缠，将自己贬低到尘埃里去。要知道，爱情是无法从卑贱的尘埃中开出花来的，因为它缺少养分。

有人曾说过这样一句话："最爱你的人，往往离开的时候最决绝。爱和尊严的紧紧捆绑，用死缠烂打去挽留的，更多的就是一种好胜心。真正深切的爱情，会让人要强到宁肯独自伤悲、也不愿破坏掉曾经那些高贵的记忆……"所以，女人，请记住：真正的爱情是不需要束缚，更不需要捆绑的，你情我愿、两心相许，才是真正的爱情。爱情来的时候要珍惜，爱情走的时候莫强留，执着、纠缠、满地打滚地爱着，最后你会发现你给爱情挖了个坑，而坑里埋葬着你和你爱的人，还有你不肯放手的爱情。

厮守，爱是恒久的忍耐

“最有用处的美德就是忍耐。”这是美国著名教育家、哲学家约翰·杜威所说的一句名言。的确，在条件不具备的时候坚持忍耐，可以为今后更大的成功创造条件。这句话同样可以运用于爱情和婚姻，因为忍耐并包容彼此的缺点，是维持爱情和婚姻的最好的保鲜剂。

爱可以是电光石火般的致命吸引，爱也可以是轰轰烈烈的生死相许，但一见钟情的爱情也好，天崩地裂的爱情也好，若要长久相守、一生相依，就必定离不开彼此的宽容与谅解。《圣经》中有这样一句话：“爱是恒久忍耐，又有恩慈；爱是不嫉妒，爱是不自夸；爱是不张狂，不做害羞的事，不求自己益处，不轻易发怒，不计算别人的恶，不喜欢不义，只喜欢真理，凡事包容，凡事相信，凡事盼望，凡事忍耐。”这是对爱最好的诠释。

两个相爱的人走到一起很容易，但若要一辈子厮守，就一定要学会忍耐和包容。不要因为对方的一点过错就指责不休，更不要企图将对方改造成你想象的模样，这样的女人是最愚蠢的。爱一个人，就要学会包容他的一切，不管是好的，还是坏的；爱一个人，就要学会忍耐他与你的不同之处，要知道，你们本是来自两个完全没有交集的世界，小到生活习惯，大到思想观点，必定存在种种不同。想通了这一点，爱才有可能长久地继续下去，否则，大吵三六九，小吵天天有，不要说他，就是你自己也必定会厌倦这段感情。

一位名叫海伦的护士应聘看护一位生活无法自理的老人——史密斯太

太。史密斯太太的脾气很糟糕，海伦第一次喂她吃饭便被她泼了一身汤水。海伦很沮丧，她有了打退堂鼓的念头，决定当天的工作一结束就提出辞职。

晚上当海伦准备给史密斯太太以最快的速度洗澡时，史密斯先生回来了。他似乎觉察出了海伦的情绪，很温和地说："让我来吧。"他开始很温柔地对史密斯太太说话，并轻轻地将水撩到她的身上，以便让她适应水温。史密斯太太很快安静了下来。先生从海伦那里接过毛巾和肥皂，细心而缓慢地擦拭着太太那早已不再年轻的肌肤，他是那样专注、柔情，好像面对的是最娇嫩的少女情人。史密斯太太在爱人的安抚下渐渐闭上了眼睛，显得那样祥和、安静。海伦看呆了。

洗完澡后，先生将太太抱上床，给她读当天的报纸，和她温柔地说话，最后给她盖好被子，静静地走出了房间。

海伦不知道为什么史密斯先生要坚持做这些，因为工作了一天的史密斯先生看起来很疲惫，但史密斯先生的回答解开了她的谜团。他说："因为我爱她。爱需要忍耐和包容，这是她教会我的。年轻的时候，我仗着家里有点财产，游手好闲、无所事事，她一直包容着我；后来家庭出了变故，我们变得一无所有，她也忍耐下来了；我找不到工作，脾气变得很暴躁，有时候还打她，她还是原谅了我，因为她爱我，并且知道我也爱她……就这样，她一直陪伴在我身边，即便是我生命中最黑暗、最无助的时候，她都从来没有怨言，容忍着我的一切。如今她老了，生病了，就轮到我像孩子一样宠着她、让着她，忍耐着她的坏脾气，这一切，不都是应该的吗？"

海伦的泪水从脸上滑落，她想她明白了爱的真谛。

相濡以沫、牵手一生的爱情是最令人感动的爱情，就像案例中史密斯先生与太太的爱情一样。但也正如歌中所唱的那样："相爱容易相守难。"因为相守一生，需要的不仅仅是爱，更需要双方的宽容和体谅。人们常将女人比作水，那么女人不仅要有水的柔情，更要有海纳百川的包容和大度。

记得有这样一句话：成功就是做最真实的自己。那么成功的爱情和婚姻也应该是如此——做最真实的自己。爱对方就要让他做最真实的自己，不要将你的原则或标准强加给对方，即便以“爱”的名义。要知道，没有人愿意按照模子生长，换作你也是一样，这对双方都是一件痛苦的事情。而当爱情包含了太多痛苦时，爱情就变了滋味。

当然，忍耐并不是无原则地迁就以及忍气吞声，爱的名义下的“忍耐”其实就是一种尊重与被尊重。爱情与婚姻都需要尊重、理解、包容和体谅，这就是“爱的忍耐”的全部含义。

第 13 章
做一个明媚的女子，淡忘忧伤直面阳光

很多时候，疼过了就是疼过了，没有必要时时记起。要知道，人生就是由无数个疼痛和甜蜜组成的，如果你牢牢地记住每一次疼痛，那么甜蜜也就不显得甜蜜了。对于人生的伤痛，我们要学会忘记。就像阴雨天气总会过去一样，只要你积极地去淡忘，你终究能够走出人生的伤痛，迎来人生的晴天。一旦人生的天晴朗了，你也就温暖明媚了。

原谅别人，就是放过自己

几乎每个女人都曾有过被伤害的经历：或是被最信任的朋友出卖，或是被最亲密的爱人背叛，或是遭受一个陌生人的欺骗……这些伤害令女人痛苦、伤心、愤怒，那或多或少的委屈、不甘与怨恨常常会令女人陷入负面的情绪中难以自拔。于情，当然可以理解；然而于理，这样做未免有些太傻。记恨他人除了给自己的心灵带来无休止的折磨之外，其实并不会对你所记恨的人造成多大的损失。因此，不如学会原谅，因为原谅别人，就是放过自己、善待自己。

一个对他人的错误念念不忘的女人总是生活在阴霾和黑暗之中，永远看不到明媚的阳光；固执地不从怨恨的心理中解脱出来的女人无异于作茧自缚的蚕，最终只会在沉重的压力中无法呼吸。其实对于一个女人来说，快乐并不是因为她得到的多，而在于她计较的少。人非圣贤，孰能无过，相信犯错的人心中也会有懊恼与后悔。既然如此，不如学会原谅，既减轻了他人的过失，又化解了自身的压力，两全其美，何乐而不为呢?

《圣经》上有这样一句话："怀着爱心吃青菜，也会比怀着怨恨吃牛肉要好得多。"虽然我们或许无法做到像圣人一样爱自己的仇敌或对手，但最起码，我们可以学会原谅和遗忘，因为这有益于我们的身心健康。

景云本是一个高傲的公主，但由于父亲破产、突发心脏病而死，丈夫又转移了财产，留下一纸离婚协议后和"小三"私奔，景云一下子从云端跌入了地狱。为了养活年幼的儿子，她不得不走出家门，重新寻找工作。

然而养尊处优惯了的景云哪能那么容易找到适合自己的工作，碰了无数次壁之后，她不得不“屈尊”到一家五星级酒店做服务员。但景云没料到竟然在这里看见了静芝，她被一大群人拥簇着，眼光从自己身上掠过，景云不由心中一抖。后来她才知道，原来静芝就是这家连锁酒店的大中华地区CEO。景云想起高中时，静芝由于家境贫寒经常受到自己的嘲笑，自己还给她起了个外号叫作“土包子”，心中不由忐忑不安，生怕她认出自己。但庆幸的是，静芝似乎并没有认出她来。景云本想换份工作，但又怕找不到合适的，所以只有硬着头皮做下去。

还好，天道酬勤，景云的努力渐渐获得了认可，她逐步被提升为领班、主管、部门经理，直至酒店副总。

景云一直以为是自己的努力换得的这一切，直到有一天总经理无意中问她：“你和林总（静芝）是什么关系？她这样帮你？”她才突然明白过来，原来静芝早就认出了她，并且一直在暗中帮助她。

怀着愧疚之心，景云推开了静芝的办公室门。静芝亲切地拉着她在沙发上坐下，就像两人是多年未见、再度重逢的好友一般。当景云问她为何要在暗地里帮助自己时，静芝说：“我知道你是个好强的人，你的情况我听说了；再加上我的位置特殊，不方便直接出面，所以只能暗中帮帮你。”

“高中时候……”景云迟疑地问，“你不记恨我吗？”

“高中？一晃20多年了，我哪里还记得那么清楚？”静芝微笑着回答，“再说，一个人的心灵就那么大，如果总背负着不愉快的事，不肯忘却、不肯原谅，那么累的岂不是自己？”

看着静芝温和的双眼、明朗的笑容，景云终于明白为什么当年男生评选“最可爱的女生”时，自己会输给这个其貌不扬、穿着土气的女孩了。她，的确是最可爱的。

世界很小，人们生存共处，难免会熙熙攘攘、磕磕碰碰，假如凡事斤斤计较、耿耿于怀，最后伤害的只会是自己。所以，一个女人，就应该像静芝一样拥有一颗宽厚的心灵、一副宽容的胸襟，多一些理解、多一些温和、多一些善意，便会多一些宠辱不惊的气度，也更容易获得心灵的宁静和生活的幸福。

美国纽约前州长威廉·盖洛被精神和肉体的攻击折磨得几乎丧命时说了这样一段话："每天晚上都原谅所有的事和每一个人，第二天当太阳升起的时候，我照样以快乐愉悦的心态迎接新一轮的太阳。不要因为你的敌人或对手而燃烧起一把怒火，它会烧伤你自己。"女人都应该记住这段话，并且对他人的侵犯而难以释怀的时候拿出来读给自己听。其实宽恕这种美德最大的受益者应是自己，因为一个愿意原谅和宽恕他人的女人必定有着强大的内心和极高的思想境界。这样的女人是值得尊敬的，也是可爱的。

怨恨是一把"双刃剑"，学着原谅吧

就如同一枚硬币永远有正反两面一样，人类的感情也有正反两面。有人说"爱"的背面是"恨"，但事实恰恰相反："爱"可以给双方带来美好，而"恨"却如同一把"双刃剑"，当你刺向对方的时候，也会伤了自己。

电影《伤城》讲的是两个男人复仇的故事，但由于他们选择了不同的方式，所以也得到了不同的结局。

梁朝伟扮演的男一号为报家门之仇，手刃了仇家——自己的岳父之后，又打开了煤气，对无辜的妻子痛下杀手。然而妻子并没有死，而是意外地成为植物人。望着躺在病床上的妻子，相恋时的美好一点一滴复苏，梁朝伟开始后悔。他尽心尽力地照顾妻子，但是却为时已晚。妻子醒来后，投向他的也是充满仇恨与绝望的目光，她问他："你是为了杀我爸爸才跟我在一起的吗？”这是妻子留给他的最后一句话。仇恨将梁朝伟赶到了绝望的悬崖边，他最心爱、最亲密的人却因为他而死。最终对人生了无留恋的梁朝伟将最后一颗子弹射向了自己的头颅。

男二号金城武的复仇却有着截然不同的结果。他为了找出令自己的女友怀孕、自杀的负心男，带着满心的伤痛日夜守候在女友生前最后出现的酒吧，发誓一定要让他付出代价。然而当他得知对方因出车祸而变成植物人时，他选择了宽恕。金城武的明智和大度也为自己赢得了美好的结局：美女舒淇的真爱开启了他新的人生。

两个主角不同的命运完全是由于他们对待仇恨的不同态度而造成的。当仇恨被无限扩大为大规模的杀伤性武器时，伤害的不仅仅是敌人，自己也会被无情地葬送。所以，女人请学会宽恕，因为当你放下怨恨的同时，你不仅救赎了他人，也救赎了自己。

小云的心中对父亲一直充满着怨恨：当初他无情地抛弃了自己和妈妈，与“小三”比翼双飞。妈妈一个人为了抚养小云，什么苦都吃过，还落下了一身病根。好在小云争气，以优异的成绩考取了名牌大学，毕业后又进入上海一家银行工作，凭着自己的勤奋与天赋，小云很快成为单位的中层领导，年薪数十万。小云在上海买了房子，把妈妈接过来一起居住，母女俩生活无忧，过得十分自在幸福。

然而这平静很快被一个突如其来的消息打破了：有人捎信给小云的妈妈——小云的父亲病重，“小三”卷跑了他所有的积蓄，如今他正躺在出租房中等死。

妈妈得知消息后显然有些心绪不宁，但当她提出要去看望小云的父亲时，却遭到了小云的一口回绝。

“我死都不会原谅他！”小云冲母亲喊出这句话后，跑回自己的房间。她想起了这些年来自己和妈妈所受的苦，心里的仇恨就像大火一样在熊熊燃烧。但是每当夜深人静的时候，小云的眼前总会浮现出小时候父亲将她扛在肩头、逗得她一次次哈哈大笑的情景。小云用力地甩头，企图将回忆从脑海中抹去。她一遍遍告诉自己："他不配做你的父亲，他不值得你同情！你要记住仇恨，至死都不要原谅他！"然而，小云还是失眠了，一夜夜辗转反侧令小云迅速憔悴下去。

有一天，小云在桌上发现了妈妈留的一张字条，上面写着："他是我的老公，也是你的父亲。我去看他，等你！"

妈妈的话很简单，却为小云找到了一个可以原谅的最好理由。当小云踏进父亲居住的出租房，并将多年的积蓄放在父亲枕边，要求他积极治疗时，父亲眼中落下的泪水击中了她内心最柔软的地方。她恶声恶气地对父亲说："你别想这么轻易死掉，你欠我和妈妈的要用你下半辈子慢慢还！"

如今小云的父亲已经病愈出院，他用自己所有的爱补偿他对妻子和女儿的亏欠；小云也摆脱了童年的噩梦，慢慢放下对男人的反感与戒备，接受了追求她多年的优秀男孩，并组成幸福的家庭。小云感慨地说："放下怨恨，成就的是自己。"

如同案例中的小云一样，每个人都可能会遭受伤害或不公平的待遇，但德国哲学家叔本华曾告诫人们："如果可能的话，不要因为别人对你造成的伤害或者别人忘恩负义而不开心，人活在这个世上，就应该以平和的心态潇潇洒洒地为自己活着。永远不要去试图报复我们的仇人，因为如果那样做的话，我们只会更深地伤害自己。"所以，放下怨恨，学会原谅，女人才会因为宽容而变得美丽，女人的人生也才会因此而获得更多的回报。

永远不要绝望，明天总会来

人的一生总会遇到无数的挫折与磨难，懦弱的人选择退缩、放弃与绝望，而坚强的人则选择勇往直前、坚持希望。有一句话说得好：“世界上没有绝境，只有对处境绝望的人。”因此只要心中存有坚定的信念，并永不放弃，那么所有的困境最终都能走出，所有的难题最后都能迎刃而解。绝境，考验的并不是你的能力，而是你的意志。

无论身处多么恶劣的环境，无论遭遇多么巨大的挫折，只要不被绝望所击倒，坚持积极进取的人生态度，那么就会有一种无穷的力量帮助你克服困难、冲出绝境。这种力量来自内心，只有你才掌控它、运用它，并让它改变你的命运，女人尤其如此。相对于男人而言，女人从小便是被呵护、被娇宠的对象，但正如一位名人所言：“顺利是偶然的，挫折才是人生的常态。”这世界不相信眼泪，只有依靠自己内心强大的力量，才能战胜一切。因此，永远不要绝望，要相信只要希望在，明天就一定会来临。

蒙妮坦国际集团董事长郑明明被人们称为“美容教母”，但她还有一个美丽的称号却鲜为人知，那就是——“蒙妮坦不倒翁”。

郑明明不倒的是她的精神，从业40多年来，外人看到的是她的成功、她的荣耀，而她所遭受的挫折与困境却也是常人所难以想象的。

1973年，郑明明打算到印度尼西亚雅加达开设蒙妮坦的分支机构，在那里开拓自己的事业。于是她在当地租了一个储存仓库，精心挑选了一批美容产品，并带了6名美容顾问来到雅加达。不料就在她踌躇满志、打算大干一场时，一场大火将所有的产品烧得精光。本钱没了，银行贷款欠了一大笔，还要赔偿仓库的损失，郑明明被逼到了山穷水尽的地步。一切梦想都化成了灰烬，郑明明伤心绝望得几乎要自杀。然而就在此时，她突然看到了墙角的不倒翁，想起父亲曾经对她说过：“要敢于面对现实，应该学习不倒翁的精神，遇到挫折时不能绝望，只要懂得如何再次站起来。”

郑明明带着不倒翁回到香港，她的心中不再被绝望所充斥，而是满怀着希望和信心投入到重振事业的忙碌中。经过一年的打拼，郑明明首先还清了银行的贷款，然后继续扩大事业。几十年的风雨历程中，她始终记得父亲的那句话，无论多大的挫折和磨难，她都坚持了下来，从来没有绝望过，更没有放弃过。她的事业越做越大，产品销往全世界。

郑明明成功了，在回顾自己几十年的风雨历程、总结自己的成功经验时，她说道："踏足内地的头8年，工作并不顺利，到处碰壁。就当时的中国来说，开办美容学校是很难被接受的事情。阻碍很多，但每当要打退堂鼓时，我就想到了父亲的那句话，于是就给自己打气，在心里描绘未来的美好蓝图，给自己一个成功的希望。以后我最大的心愿是建立中国的民族品牌，让中国的美容产品在海外同样得到认同……"

古往今来，众多成功的女性都如郑明明一样遭受过挫折和磨难，但她们都有共同的一点，那就是：从不放弃希望，从不陷于绝望。因为她们知道，一切困苦和灾难，在拥有坚强的意志与笃定的信念的人面前，其实脆弱得不堪一击。

宋丹丹曾经说过："最好的女人是受过挫折的女人，一个比较有能力的女人，你经历了挫折之后会悟出很多道理。任何人在生活中不可能不犯错，挫折给你带来的经验一定会在你今后的人生旅途中发挥作用的。"因此，女人不但要学会坚强，更要学会聪明，要将自己所受过的苦、经历过的痛化作养分，用以滋养自己的心智，让自己变得更加成熟、更加睿智。

人生就像一场旅途，不要被暂时的泥泞所吓倒，而忘记了远方美丽的风景。如果仅仅因为一时的苦难和挫折就黯淡了目光、丧失了斗志，我们的人生就会在绝望中戛然而止；相反，假如我们即便身处逆境，也能保持昂然向上的积极心态，那么就一定能够拨开云雾、重见光明，实现人生的种种可能。

欣赏人生峰回路转的美丽

刘德华有一首歌，歌名叫作《峰回路转》，歌声优美、旋律动人，但歌词所富含的哲理却更令人深思：“没有牵挂不能放 没有创痛不能忘，唯有豁开才能超越沧桑……与其整天去怨怼，不如专心去面对，唯有宽怀方能微笑入睡……坦坦荡荡月华星光，一片清辉相映入眼睑；简简单单轻风云淡，伴我上路潇洒远走四方；近水绕远山，芳草连着天边长，人间处处尽是峰回路转。”

的确，人生不乏奇迹，好运到来时，“不幸”很可能潜伏在一旁；而当你认为已无路可走时，说不定却会峰回路转。淡然地面对一切，身处逆境时也不要放弃希望，人生就会迎来新的转机。

在大多数时候，人们觉得走入了死胡同、没有出路时，其实只是自己的心陷入了绝望。换个角度看问题，换种心态面对现实，一切的难题或许就可以迎刃而解。所以，心态是最重要的，无论什么时候，都不要轻言放弃，都要以一贯平和的心态面对问题，或许奇迹就会出现，人生就会呈现峰回路转的美丽。

梅子大学毕业后进入一家公司的企划部做文员，上班的第一天她就对自己立下了规矩：“一定要认认真真工作、踏踏实实做人，哪怕只有一天，也要将自己的分内工作尽心尽职地完成。”

然而梅子的勤奋与努力却引起了部门中另一人的嫉恨与恐慌，那人就是企划部的副经理章程。因为部门经理即将退休，章程是最有可能接班的人选。但是梅子初生牛犊般的干劲却让章程感觉到了危险。于是他明里暗里给梅子设置障碍，让梅子的工作难以开展，目的就是想挤走梅子，为自己消除威胁。他还联合部门其他员工一起对付梅子，由于他资历老，大家自然也不想为一个新人得罪未来的经理，便和章程站在了同一战线上。于是梅子在部门里的处境变得很艰难。她很苦恼，也有过辞职的念头，但终因种种原因而放弃了这个想法。

然而，不久之后由于公司精简人员，梅子在部门中所得的测评分竟然最低，理所当然地被踢出局。梅子知道这是章程搞的鬼，但当事情真的发生时，她却很平静，因为她知道总有人要离开，甚至还有了一种“我不入地狱谁入地狱”的壮烈心怀。离结算工资还有两天，章程故作同情地让她回去休息，两天后来领工资就可以了。但梅子记得自己当初的誓言，坚持将自己手头的工作做完，虽然只剩下两天，但她说只要在岗一天，就要对得起自己的工资。

最后的那个下午，梅子一丝不苟地完成了所有的工作。她是最后一个离开公司的，但她并不知道，老总早已安排人悄悄注视着即将离职的每一个人。有的人一知道测评结果就不来了；有的人虽然还来上班，但也只是磨洋工、等着结工资而已；只有梅子依然兢兢业业、勤勤恳恳地照常工作。她不但完成了所有分内的活儿，还将自己的工作做了详细的标注，以便后来接替她的人能很快上手。

第二天，梅子接到了人事部门的通知，但送到她手上的并不是解聘书，而是一纸调令——她被任命为总经理助理。梅子问人事部经理这是为什么，人事部经理笑着对她说：“因为老总说了，我们公司需要的就是你这样认真的人。”

梅子是不幸的，因为她一上班就莫名地遭到了小人的暗算；但梅子又是幸运的，因为她坚持了做人的原则，以平常心对待得失，最终峰回路转，迎来了生命中的转机。

人生之路，不可能一直一帆风顺，假如因为一时的挫折而低迷沮丧，那么你或许永远都走不出人生的低谷。心理学家武志红在他的著作《心灵的七种兵器》中说道：“任何真切而纯粹的情绪、感受和体验都是大自然的馈赠。假如你学会敏锐捕捉并坦然接受它们，就会发生不可思议的成长。”

这种成长不仅可以带来现实中的可喜变化，也会令我们的心智更加成熟，更能坦然面对生活中的种种不如意。

可见，正如歌中所唱的那样：“人间处处尽是峰回路转。”最关键的是要让心态保持淡泊、平和，无论身处何种境地都不要失去希望和信念。若能做到如此，那么险峰过后，便会峰回路转，欣赏风光无限，你的人生也会因此而呈现别样的美丽。

以平常心面对发生的一切

“平常心”三个字简简单单，但说起来容易，做起来却很难。尤其对于细腻敏感的女人而言，因为在乎得太多、计较得太多，所以更难“拿得起、放得下”。

平常心其实就是一种心态，如同慧能大师所说：“本来无一物，何处染尘埃。”他的这种超脱物外、超越自我的境界正是平常心最好的解释。但教女人拥有一颗“平常心”并不是要她们“看破红尘”、消极遁世，恰恰相反，而是要用一种积极的心态来对待世间万物、万事，用平常心来享受生活中的简单和平凡，“不以物喜，不以己悲”，才能快乐、无忧。

生活总是充满了起起落落，有成功，就会有失败；有得意，就会有失意。若是将得失看得太重，累的只会是自己。沉溺于已经失去的，会看不到未来的美好；太在意现有的荣耀，就会患得患失。无论是“为碰翻的牛奶而哭泣”，抑或是“杞人忧天”，除了给自己增添无尽的烦恼之外，没有任何好处。所以成功也好，失败也好；得意也好，失意也好，作为女人，不如保持一颗平常心，以淡泊的心智、超脱的态度对待世间一切人与事，就会令自己的心宁静而快乐。

说起汤唯，李安对她的评语很“简单”：她是一个无论在人生的顶峰还是低谷，都“始终保持平常心”的女子。

然而这“简单”的评语中却透露出这个女子的不平凡之处。人们认识汤唯、记得汤唯，全因那部在全国引起轰动的电影《色·戒》，很多人以为她的成功来得太容易——“一脱成名”，却很少有人知道在这之前，汤唯已经在演艺的道路上艰难地摸索、前行了很久：她完全依靠自己的实力考入中戏导演系；在大学里，她学习表演、播音和美术，还成为职业模特；在出演《色·戒》之前，她就演过很多的电视剧和话剧，还拿过很多奖项。

人们都以为凭借《色·戒》，汤唯会名利双收，然而令人意想不到的是，不但汤唯本人饱受非议，她的作品甚至广告都遭到了全面封杀：内地官方通过行政手段对她进行了制裁，各电台禁止对她进行任何形式的宣传，汤唯的人生与事业均落到了低谷。

然而汤唯并没有放弃自己的艺术之路。她只身来到英国，为了赚取学费和生活费，她来到街头卖艺，到健身中心当羽毛球陪练。有一次当她正裹着一次性桌布改造的“时装”，在伦敦街头表演行为艺术时，韦恩斯坦兄弟电影公司总裁 Bey Logan 见到了她，对她身处逆境却依然从容自若的淡定与优雅十分赏识。在他的引荐下，汤唯成为著名服装设计师加雷的“御用模特”。

2008 年，汤唯加入了香港政府的“优秀人才入境计划”来到香港，并与张学友合作出演影片《月满轩尼诗》，不但在内地顺利上演，而且广受好评。2011 年她与韩国影星玄彬合演了电影《晚秋》，并九度荣获最佳女主角奖，成为韩国最受欢迎的华人女演员。2013 年她又主演了《北京遇上西雅图》，以其娴熟自然的演技蝉连四周票房冠军。她的人生又迎来了新的高峰。

无论是高峰还是低谷，相信汤唯永远都是那个在名利与得失面前宠辱不惊、恬淡不争的女子，正是这平常心赋予了她超凡脱俗的气质，无论身处何地，她总是那样夺人眼球、引人注目。

人们总喜欢将女人比作花，然而俗话却说："花无百日红。"的确，即便是锦簇繁花开得正艳，却也既有红得耀眼之时，也有暗淡萧条之日。人的一生要比花儿的一生漫长得多，其间所经历的快乐、悲伤、成功、失败自然数也数不清。人生之路并非康庄大道，有荆棘，也会有坎坷，甚至会有令人防不胜防的陷阱。唯一要紧的是必须记住：一时成功代表不了什么，无须得意忘形；一时的失败也说明不了什么，不必妄自菲薄。用一颗平常的心应对人世沉浮、风云变幻，才能拥有恬淡的心境、快乐的人生。

平常心其实是一种自信、一种淡泊、一种定力、一种觉悟。女人若是能以一颗平常心来对待一切，那么在任何时候都能坦然面对喧嚣尘世中的一切伤害与困扰。胜者不骄、败者不馁，拥有博大的胸怀、广阔的眼界和淡泊的心性，那么这样的女人才是真正的强者，才能真正做到"宠辱不惊、去留无意"。

生气是拿别人的错误惩罚自己

"生气，是拿别人的错误惩罚自己。"这是德国古典哲学家康德的名言，的确，明明是他人做错了事，令你心中不快；但是若你因此而生气，那么愤怒之火烧伤的不仅仅是别人，更是你自己。

在现实生活中，总"喜欢"用别人的错误来惩罚自己的女人不在少数：工作中受了委屈，你愤懑憋屈、愤愤不平，伤的是自己；遭同事排挤、落井下石，你怒火中烧、针锋相对，伤的也是自己；丈夫花心，对家庭不负责任，你暴跳如雷、争吵不休，伤的还是自己；孩子不听话，你生气烦躁、指责斥骂，孩子哭，你伤的依然是自己……别人犯的错误，你却用生气来惩罚自己，这不是天底下最愚蠢的做法吗？

《愤怒，备受误解的情绪》是一本专门解析人们愤怒情绪的著作，文中有这样一句话："生气并不是一种先天性的情绪和行为，而是后天学到的。人们生不生气是自己决定的。"既然如此，那么女人应该学会做自己情绪的主人，而不要将主动权交到别人的手中。把别人的过错和愤怒都还给对方，自己却开开心心、轻轻松松，这才是最明智的做法。

小玫和小凌是一同进入公司工作的大学毕业生，两人年纪相仿，学历相当，但是性格却迥然不同：小玫活泼开朗，大大咧咧，一副对什么都毫不在意的样子，整天笑嘻嘻，似乎从来没有烦恼；而小凌则沉默寡言，敏感而多疑，一般人很难走进她的心扉。时间长了，活泼外向的小玫自然获得了更好的人缘，公司上上下下都很喜欢她；相对而言，小凌的受欢迎度就远远不及小玫了。

小凌见小玫每天都那么开心，又有那么多人喜欢她，心中慢慢滋生了嫉妒，于是便在工作中故意制造麻烦，千方百计地去刁难小玫。只有两人在场的时候，小凌还会讲一些很难听的话，刺激、挖苦小玫，目的就是想破坏小玫的好心情，让她暴跳如雷，毁掉她在大家心目中的好形象。然而，每当这时候，小玫似乎就是个聋子，她充耳不闻，一笑而过，照样开开心心、明朗开怀。相反，由于目的达不到，小凌心中被嫉妒和怨恨煎熬着，却越来越不快活。

终于有一天，小凌受不了内心的煎熬，在小玫的生日宴会上，她借着酒劲悄悄问小玫："为什么不管我怎样对付你、攻击你，你都从来不生气呢？而我却越来越不开心。这是为什么？"

小玫微笑着回答："你对付我、攻击我，那是因为你心中有气，而我却没有气。生气，就好像礼物一般，你送给我，我不要，所以这'礼物'还是你的。相反，你将没送出去的'礼物'积攒起来，留给自己。这样的'礼物'越多，你就越生气，自然就不开心了。"小玫说到这里，狡黠地一笑，说："你对付我、攻击我，是你不对，我为什么要牺牲自己的好心情为你的错误埋单呢？”

小凌恍然大悟，她终于明白为什么这个女子这么招人喜爱，而自己却永远不是她的对手了。

诚然，现实生活中令我们生气的事情实在很多，像小玫一样，我们也会遇到各种来自对手的刁难、打击甚至羞辱，但若是都能像小玫一样拥有豁达开朗的心胸，对任何事都一笑而过，那么难过、失落甚至愤怒的就不会是自己，而是对手。将愤怒的情绪像“礼物”一样统统还给对方，这才是最聪明的女人。

当然，还有一种更聪明的做法，那就是为自己的愤怒找一个向上的出口。所谓“向上的出口”，就是将愤怒化为促人奋进的原动力。以牙还牙、以眼还眼的报复行动是最愚蠢的，因为当你让别人付出代价的时候，自己必定也要付出相应的代价，而这代价甚至可能是监狱生涯。所以，不如将他人的轻慢和欺辱化为激发自己的原动力，生气不如争气，翻脸不如翻身，积极进取，用实力说话，才能赢得他人的真心尊重。

女人要宽容，尤其对于冒犯自己的人，更要胸怀大度，因为最终受益的是自己。不计较并不证明好欺负，小事不计较，大事争口气，才能懂得善待自己的聪明女人。尤其对于自己亲密的人，如家人、朋友、亲戚等，更不要斤斤计较，凡事都要分出对错，这并无意义。就算你是对的，你赢了，最终又能得到什么呢？

所以，作为一个新时代的女性，面对他人的过错、愤怒的情绪时，一定要用冷静浇灭愤怒之火，不要置修养和礼仪于不顾，让自己成为他人的笑柄。记住泰戈尔的那句话：“不让自己快乐起来是人的最大罪过。”因此他人气我我不气，笑对人生，才是生活的智者。

第 14 章
做一个从容的女子，风轻云淡笑对困境

很多时候，付出未必有回报，但是不付出就一定没有回报。如果人人都能调整自己的心态，愿意为了百分之一的可能付出百分之百的努力，那么，人人都将无愧于自己的一生。人生，难免遭遇困境，如果陷入困境的泥沼无法自拔，那么，你一定无法走到坦途。面对困境，无须悲伤，无须羞愧，只要你努力过，你就活出了自己。

不经磨砺女人难成器

小小的一根竹子，要经历严冬酷寒、风霜雪雨，才能做成一支小小的笛子，只因为经受过风雨洗礼，质地才愈发坚硬，品格才愈发贵重，血肉筋骨内丝丝缕缕全部升华，才能吹奏出蓬勃流长的动人韵律。

笛子如此，女人何尝又不是如此？人的一生，总要经历无数的挫折、失败和磨难，懂得将苦难当作财富、修炼内心的女人就如同那经历严冬酷寒、风霜雪雨的竹子，意志愈发坚定，品格愈发高贵，心智愈发成熟，就如同经历磨砺的宝剑、饱经风霜的蜡梅，一丝丝、一缕缕散发着馨香，散发着迷人的光芒。

秦怡是中国最著名的电影演员之一，然而她的一生，泪水多于欢笑、痛苦多于快乐、不幸多于幸福。

秦怡的丈夫是当年著名的“电影皇帝”金焰，但婚后不久便卧病在床，从此缠绵病榻数十年。家庭的重担全都压在了秦怡一个人身上，雪上加霜的是，秦怡的儿子金捷小小年纪竟然得了精神分裂症。秦怡一个人既要照顾丈夫，又要照顾儿子，艰难度日。但是她并没有放弃自己的事业，先后拍摄了《女篮 5 号》《浪涛滚滚》《青春之歌》《铁道游击队》《林则徐》《倔强的女人》等多部炙手可热的影片，赢得了广大影迷的热爱。

然而命运的魔鬼并不放过这个不幸的女人，1976 年，秦怡被查出患了肠癌。但秦怡就像一株永不低头的蜡梅，即便生活的风刀霜剑严相逼，她依然不屈不服。她一边用顽强的毅力战胜病魔，一边佳作不断，《征途》《风浪》《海外赤子》《千里寻梦》等影视作品令她的事业攀上了新的高峰。

厄运再度袭来，金焰病死后，与自己相依为命的儿子金捷也离开了人世。所有的人都为这个命运多舛的老人暗自叹息，但秦怡并没有被不幸击倒，她以 80 多岁的高龄再度出演《我坚强的小船》等多部电影及电视剧，并热心参加公益活动。2008 年，秦怡再度感动国人：她将自己的全部积蓄、原本打算留给儿子的 20 万元捐给了汶川地震灾区。

有人说，秦怡是中国最美的女人，这种美，历经风霜却益发动人。年过 90 的秦怡，虽然已是满头白发，但是岁月与不幸在她身上积淀下来的美却令她永远光彩照人，令人仰慕。她无愧于她所获得的一切称号："慈善之星""国家有突出贡献电影艺术家""德艺双馨电影艺术工作者""中国十大女杰"，以及"华语电影终身成就奖艺术家"等。

秦怡历经磨难，她一生所经历的任何一个打击都足以使常人一蹶不振，但是她没有向命运屈服，反而将苦难和挫折当作了磨砺自身的财富。生活即便有再大的风浪，她也积极面对，永不低头。这便是她取得如此耀眼的成就的秘诀，也是她人到暮年却依旧美丽的奥秘。

女人的一生，有太多自身无法左右的东西，既然无法决定命运，用自己的智慧、勇敢和坚持，那就试着改变命运。当苦难来临时，不抱怨、不放弃；当打击袭来时，保持淡定、坦然面对。生活的坎坷，假如避不过去，那就笑着面对，并将之作为上天的恩赐。记住：苦难对于懦弱的人来说是万丈深渊，对于勇敢的人来说则是垫脚石。苦难是一种财富，你经历得越多，你拥有的就越多，终有一天，你会发现原来你是一个富人，你的富有就是心灵所折射出来的魅力。

女人，可以拥有从容的美丽

有人说，从容淡定的女人是最美丽的，美国心理学家弗洛姆在《爱的艺术》中用诗一般的语句描绘了从容的女子形象：“她不一定漂亮，但一定有在众人中被你一眼认出的气质。她自给自足，放纵自己、尽情地享受生命的乐趣，又清醒地保持灵魂的明净。她会为一瓣花而心醉，像一棵树感受清风，树叶摇曳着一声叹息，在简单中蕴藏着最深的宇宙。她看到了生命背后的黑暗，深知阳光与夜的交替，死亡如影随形，但永不绝望。她本能地拒绝贪婪，她的心像埋藏了千年的莲子，历经沧海桑田，洞彻世事烟云，依然会鲜活地从沙土里开出花来。笑声和细语如冬日暖阳，化解心中坚硬的冰峰。”

多么令人神往的女子，云淡风轻、从容自若，如一幅清新隽秀的山水画，无论外界如何风卷云涌、世事变迁，内心总是一派处事不惊、安详宁静的意境。

但并不是每个女人都能做到从容淡定，因为有的女人心太小，小得装不下世间的一切悲伤和愤懑，小得容不下一点委屈和不平。虽然俗话说：“人生不如意事十之八九。”但在某些女人的心中，却将这不如意放大成了几倍甚至几十倍，然后时时抱怨、刻刻唠叨，硬生生将自己变成一个人见人厌的“怨妇”。这样的女人不但令他人厌烦，更将自己的生活弄得一团糟，可以说是愚蠢之极。

而从容的女子却知道自己要的是什么，当苦难来临时，她坦然面对、从不抱怨；当鲜花和荣耀降临时，她也毫不贪婪、淡然处之。从容的女子能够在浮华的世界中坚守自己的道德标准，抗拒所有的利益和诱惑，静心面对生活，即便命运坎坷，也能活得潇洒、活得精彩。

主持可以说是一种风险性极高的行业，美女如云、新人辈出，淘汰率极高。但是有这样一位女子，她虽然早已过了主持人的黄金年龄，但却依然拥有不可动摇的地位；她没有漂亮的脸蛋、火爆的身材，但却是观众心目中无可替代的“主持一姐”。她，就是被称为中国主持界“常青树”的敬一丹。

敬一丹给予观众最深刻的印象便是她如同邻家大姐一般的主持风格。她端庄、典雅，浑身洋溢着知性女人的从容和淡定。无论面对的是世界政要还是平民百姓，她都是那样平和、亲切。这是她不同于其他一般女主持人的地方，也是最吸引人们的地方。

或许有人会说她的主持风格有些“土”，不够“酷”，但敬一丹却有自己的见解。她说：“我觉得我穿着是挺土的，也挺随便的。但是，在节目里头，穿什么样的衣服也不是一点想法都没有，但是《焦点访谈》这样的节目，是很大众的，它大众到了有的时候要有意识地远离时尚。《焦点访谈》的观众中平民百姓居多，甚至有一大半是农民，尤其是有相关内容的时候，我都要求自己在穿着上，包括发式，都尽量大众化，人家都说，你这发式怎么十几年如一日啊——我连剪头发都不希望观众能看出来，就一点点剪，让屏幕上的形象稳定。”对于一些年轻主持人所做的节目，敬一丹坦言自己做不来；这并未降低她的形象，相反，她的坦诚和淡定却赢得了更多人的敬重。

女人一过 40 岁，难免会有些焦虑心情，然而敬一丹却并没有将之当作负担，反而将之当成了自己特有的财富。她一直记得外公对她说的一句话：“女人到了 80 岁也是女人。”因此她坚持自己的主持风格，并淡然在年龄的各个阶段感受不同的人生，她认为酸甜苦辣都各有滋味，用心体会，从容面对，才能少一些喧嚣浮华，多一些踏踏实实的文化内涵。中央电视台的一位老领导曾这样评价敬一丹：“由于年龄的关系，敬一丹比那些更年轻的女主持人似乎少了一点什么，但同时敬一丹又比她们多了许多东西。”她的老师也评价她说：“敬一丹对生活中很多事情都感受得很浓很深，可在面对观众时，她又能把事情表达得很平和很清淡。”而这份能力和内涵，正是敬一丹从容、淡泊的心境所赋予她的最可贵的财富。

的确，从容就是一种心态，一种境界，一种人生的态度。无论面对何种境遇，都不愠不怒、不慌不忙、不惊不惧、不暴不弃，这就是从容女人的可贵之处。

“天地万物之理，皆始于从容，而终于急促。”一切顺其自然、从容淡定是最好的处世之道。不再斤斤计较，不再耿耿于怀，生活的一切馈赠和亏欠，都可以用从容来一一化解，人生就能变得潇洒而轻松。

不经历风雨怎能见彩虹

“把握生命里的每一分钟，全力以赴我们心中的梦，不经历风雨，怎么见彩虹，没有人随随便便成功……”曾几何时，这首歌红遍了大江南北，激励了无数人从逆境中奋起、从跌倒中爬起，重新迎来了生命的曙光，再度与成功握手。

作为女人，也必须具有这种百折不挠的精神。不要因为一时的挫折而悲观，不要因为一时的困境而悲泣。挫折，算得了什么？苦难，又算得了什么？风霜雪雨只会令蜡梅更加幽香，千锤百炼只会让宝剑更加锋利。女人不仅要有柔弱的外表，更要有坚强的内心。柔弱是女人的天性，而坚强却是女人的资本。女人，要将自己放在生活的熔炉里锻炼，要让生活的苦难打磨自己的心性，要让自己“百炼钢化为绕指柔”，成为一个坚强独立、内柔外刚的女人，才能让自己的生命如雪莲般傲然绽放，折射出无人能比的美丽。

很多人大概都还记得在2004年春节联欢晚会上那支震惊全场的舞

蹈——《千手观音》，当人们得知这支美轮美奂、与音乐配合得天衣无缝的舞蹈者竟然都是平均年龄不足17岁的聋哑人时，内心的震撼更是无以复加。尤其领舞的那位姑娘，她神态圣洁、舞姿高雅，是整个舞蹈的灵魂，更令观众留下了深刻的印象。她，就是感动中国100位人物中的邰丽华。

邰丽华生来便是不幸的：家境贫寒，不到两岁便被疾病夺去了听力。然而这个生活在没有声音的世界中的女孩，从小就表现出顽强的毅力和不屈的精神。她自强、奋发，7岁进入聋哑学校，是个品学兼优的好学生；15岁时，她考上湖北美术学院，听不见老师讲课，她就靠老师的口型、板书以及同学的笔记刻苦自学。四年的寒窗苦读，不但让她拿到了美术专业的学位，还获得了文学学士的学位。

与求学的艰难相比，邰丽华学习舞蹈的艰辛更是常人难以想象。由于耳朵听不见，她只能凭借节奏的震动来感知音乐。自从迷上舞蹈之后，每天不论学习多紧张，她都一定要抽出时间来学习舞蹈，即便练得浑身肌肉酸痛，甚至青一块、紫一块，也从不叫苦。

后来，武汉市歌舞团一位老师看中了她的天赋，想收她为徒，但又担心她听力障碍影响交流，于是想先考一考她。考题是难度极大的舞蹈《雀之灵》，没有受过正规训练的邰丽华跳得并不如人意，老师拂袖而去。然而这个外表柔弱、内心倔强的小姑娘并没有轻言放弃，她默默地一个人练习。在短短半个月的时间里，她就从最初的只能转几圈，到最后能一口气转上几百圈。听不见音乐，她就全靠记忆，将《雀之灵》长达700多个音节全部记住，并且分毫不差。终于，辛勤的付出有了回报，连当初创编《雀之灵》的著名舞蹈家杨丽萍看到邰丽华跳这支舞蹈时，都无比惊讶地说：“如果听不见音乐，我都不知道自己能不能跳出那种味道来。你竟能跳得这么好，真不简单！”

邰丽华成功了，她将舞蹈的艺术传遍了祖国大地，并得到了世界人民的认可。她用自己优美的舞姿和不屈的灵魂赢得了所有人的尊重和敬佩。

她被“无国界文明艺术节”的艺术总监誉为“美与人性的使者”，被世界残疾人代表大会称为“全球六亿残疾人的形象大使”，被联合国机构冠名为“联合国教科文组织和平艺术家”。她，终于凭借自己的辛勤与汗水从人生的谷底攀到了艺术的高峰。

千百年前，古人就说过：“天将降大任于斯人也，必先苦其心志，劳其筋骨，饿其体肤，空乏其身。”女人若是不经历风雨的捶打和锤炼，也难以从温室的小草成长为参天的大树。经不起磨难的女人永远只能做依附他人的藤蔓，而藤蔓势必会遭人轻视、受人践踏。所以，女人必须坚强，就如邰丽华一样，即便遭受再大的不幸，也绝不轻言放弃，而要笑对人生，奋发自强，才能在风雨之后看见绚烂的彩虹。

老鹰如果不经历无数次摔下山崖的痛苦，就无法锤炼出展翅高飞的双翼；砂石假如没有经历过蚌肉的积压和磨砺，就不可能变成璀璨夺目的珍珠；女人，若是在苦难袭来时便懦弱地退缩放弃，就永远无法体验到成功的快感。一个女人，一定要有一颗坚强的心，只有这样，当家庭出现问题，当工作遇到麻烦，当人生陷入困境时，才能镇定自若、临危不惧，才能勇敢地走出困境，迎接新的太阳。

只要你不放弃，世界就不会遗弃你

《水滴石穿》的故事几乎每个人都耳熟能详，一滴看起来微不足道的水珠，日积月累、坚持不懈，竟然可以穿透坚硬的顽石。人人都说“女人似水”，女人不但拥有水一般的柔情，也应具有水一般的柔韧。无论顺境还是逆境，只要坚持到底，就一定能够成功。

古人云：“锲而舍之，朽木不折；锲而不舍，金石可镂。”人生贵在“坚持”

二字，古往今来，多少杰出人物、成功人士皆因“坚持”二字实现人生的逆转，将“不可能”变为“可能”。爱迪生为了发明蓄电池，用了整整10年的时间，经过了5万多次的失败，但他始终坚持、从不放弃，最后终于成功；司马迁遭受宫刑之辱、牢狱之苦，但他依然坚持著作、还原历史，终于写成千古巨著——《资治通鉴》；贝多芬饱受疾病的折磨，失去了作为音乐家最宝贵的听力，但他并未屈服于命运，坚持创作，终于“扼住了命运的咽喉”，写出了震惊世界的《命运交响曲》；桑德斯上校为推销他的炸鸡配方而被拒绝1009次，遭受了无数的嘲笑和白眼，但他始终默默坚持，最后创造了餐饮行业的奇迹——肯德基连锁店遍布全球……因坚持而成大业的事例数不胜数，作为一个平凡人、普通人，我们又有什么理由遭受一点挫折就轻言放弃呢?

有人说：“坚持不一定就能成功，但放弃一定不会成功。”的确，假如你自己都已经放弃了、承认失败了，那么别人又怎会对你有所眷顾？命运总是垂青那些意志坚定、坚持不懈的人，只要你不放弃自己，命运就绝不会遗弃你。

逆境并不可怕，灾难也可以战胜，可怕的是没有坚持的勇气、没有战斗的决心。女人的一生，不可避免会遇到人生的种种磨难与不幸，但又有多少人的遭遇和苦难如同桑兰一般沉重和不幸呢？要记住：世界上只有一种失败是无可战胜的，那就是放弃。扭转逆境、战胜苦难的唯一法宝就是“坚持”，做一棵石缝中顽强探出脑袋的小草，做一只在暴风雨中勇敢翱翔的海燕，女人要相信逆境只会激发自己无限的潜能。只要不放弃，就一定有希望；只要多一点坚持，多一点顽强，就一定能赢得命运的转机。

第 15 章
做一个知足的女子，学会选择懂得放弃

人生固然需要坚持，然而，很多时候，人生也需要放弃。一味地坚持既能够帮助我们走向成功，也会于不经意间使我们变得执拗。适时的放弃往往带给我们弥足珍贵的轻松。在这个世界上，人们总是有着太多的欲望，想要得到健康、金钱、官职、名利。只有学会适时地放弃，人生才能豁然开朗。

坚持固然值得赞许，也需要适时放弃

女人的一生，总要面临很多抉择，当需要果断做出决定的时候，必须要有壮士断腕般的刚毅和果敢。太过犹豫，太难取舍，最终只会令自己背负得太多，越来越不快乐、不幸福。所以，女人要学会适时放弃，不要在人生的十字路口彷徨犹豫，错失良机，蹉跎一生。

有一个寓言故事：一个农夫要出远门，临行前给他的毛驴准备了足够的饲料，分别堆在它的左右两边。然而当主人返回家中时，却发现毛驴已经死了。可笑的是，毛驴竟然是饿死的。原来，毛驴面对两堆饲料，不知该先吃哪一堆，它犹豫不决，始终不知该先从哪边下嘴，最后终于被活活饿死。女人在嘲笑毛驴的贪婪时，不妨也静下心来问一问自己：自己是否也同这毛驴一般，面对太多的诱惑和抉择时，不知如何决断，总想什么都不放弃，最终却一无所获？

聪明的女人必定知道什么是自己应该坚持的，而什么却是应该适时放弃的。人若是有太多的贪婪和欲念，必然会使自己不堪重负。正如报纸上所报道的，女人常常因为恋人的变心、爱人的抛弃而选择自杀或者报复行为，最终伤人伤己。其实对于早已不爱自己的人，又何必执着？不理智的执着只是一种浪费和执迷不悟，只会成为生命的桎梏和人生的负担。爱情如此，事业、生活也是如此，有时你会发现，放弃了一棵小树，你收获的却是整片森林。

马西·卡塞尔是美国著名的节目制作人，和很多人一样，她的一生也曾经历过很多次要作决断的时候，而正是因为懂得适时放弃，坚持自己的梦想，所以才成就了她辉煌的人生。

马西·卡塞尔的第一份工作是在ABC国家广播公司做参观讲解员。凭借自己的努力和出色表现，几个月后，她就升任了《今夜》节目的制作助理。但是马西·卡塞尔并不喜欢这份工作，因为她的主要内容是做一些办公室的杂务、给影迷回信等琐碎的事情，所以尽管这份工作令人羡慕，她还是果断地放弃了。

接下来，她去了一家广告代理公司的电视部门工作，她每天的工作主要是观察哪个频道、哪个节目的收视率高，然后仔细分析节目的分镜时段等，给客户提出广告建议。虽然她的建议大多都能被客户采纳，她的收入也很不错，但她却出人意料地在此时辞职，因为她始终知道自己的兴趣在哪里——制作自己的电视节目。

于是马西·卡塞尔去了好莱坞，并认识了正打算开设制作公司的罗吉。马西·卡塞尔主动提出愿意帮助他审核那些堆积如山的剧本，并且是无偿服务。后来，罗吉正式聘用了她，但是一连几年，她都没有机会接触到自己最喜欢的电视制作工作。于是，她再次果断放弃，因为她得知ABC公司要找一些有才气、有创意的人组成庞大的制作群，共同经营频道。

在ABC工作了7年之后，马西·卡塞尔已经升任黄金时段节目制作资深副总经理，可谓是春风得意，前途一片光明。然而，马西·卡塞尔又给人们带来了“惊喜”——她再度辞职，自己创办了一家电视制作公司。

马西·卡塞尔决定在没有制作出一个令自己觉得品质不错的节目之前，绝不轻易推出。经过3年的精心策划和准备，一个喜剧系列节目——《天才老爷》上映了，并且取得了辉煌的成功——收视率最高，并且一连播出8年，也是美国历史上播出时间最久的电视连续剧。《罗斯安娜》《不同的世界》，以及《来自太阳系的三次元》等都获得了好评如潮，并多次获得大奖。

马西·卡塞尔的成功就在于她始终坚持自己的梦想，但同时也懂得适时放弃。成功的人生，的确需要这样的理智和勇气，假如沉溺于金钱、名利等一切虚幻的东西，为世俗的观念所束缚，那么马西·卡塞尔或许永远都无法拥有自己的事业。

放弃需要勇气，放弃更是一种人生的智慧，它既是理性博弈的表现，也是豁达从容的展示。俗话说："小舍小得，大舍大得，不舍不得。"对金钱的欲求、对权力的觊觎、对情感的贪恋，都是禁锢人生的枷锁，只有勇敢地放弃这一切，并始终坚持自己的梦想，听从内心的呼唤，努力去尝试、去拼搏，人生才不会留有遗憾。所以，女人请学会适时放弃吧！用你的豁达、冷静、温情与大度去营造人生，你会发现在放弃中，你得到的反而会更多。

降低欲望，女人更能安享幸福

现实生活中，常常可以见到这样一些女人：在旁人的眼中，她们衣食无忧、工作出色、家庭美满，但是她们的眉头却常常紧锁，嘴中怨言不断，似乎从来没有快乐开心的时候。难道真的事事不如他人，所以才愤愤不平、闷闷不乐吗？非也！只是因为她们的心太大，想要装下的东西太多，心中的欲望永远得不到满足，所以才永远也体味不到快乐的感觉、幸福的滋味。

托尔斯泰曾经说过："欲望越小，人生就越幸福。"孩子的欲望很小，所以一颗糖就能让他感到快乐。然而随着年龄的增大，欲望也像难以填平的沟壑一样，越来越大、越来越多：骑自行车的羡慕开私家车的，住公寓楼的羡慕住别墅的，做公务员的羡慕当大老板的……眼中看到的只是自己没有而别人有的，或者是自己不如别人的，于是便被欲望所煎熬着、折磨着，渐渐失去了笑容，失去了快乐，失去了幸福的感觉。

其实，幸福很简单，降低你的欲望，满足自己所拥有的，就能知足常乐。老子在《道德经》中说："祸莫大于不知足。"欲望越多，心中的烦恼就越多。即便一个欲望满足了，但新的欲望又会出现，所以对于不知足的女人来说，永远与幸福无缘。

追求幸福是每个女人的本能，可是生活若总是在无休止的追求中度过，那么生活也就失去了其本身的意义。人的欲望是没有止境的，你得到的越多，想要的也会越多，永远不会满足，所以永远也不会幸福。因此，女人不妨停下追逐的脚步，细细感受你目前所拥有的一切，你会发现，其实幸福早就握在你的手中。

有时候，女人要懂得随遇而安

"随遇而安""随波逐流"这样的词语多用于批判一些不思上进、自甘庸碌的人，然而，从另一种角度讲，"随遇而安"也是一种积极的人生态度，关键在于对待何种问题之上。

对精神的追求而言，永无止境是值得赞赏的，但对于物质的要求，随遇而安也不失为一种境界。俗话说："人到无求少烦恼，人到无求品自高。"一个人的心中少了凡俗的欲望，就会少去很多不必要的烦恼；一个人如果学会不再斤斤计较，自然就会养成淡泊宁静的心性。所以，在现实生活中，"无求"总比无休止的"要求"要好得多。

人生在世，总会经历各种各样的境遇，有的是顺境，也有的是逆境。然而无论身处何种境地，都要泰然处之，这样方显气度和胸怀。人生也会遇到很多凭借自身能力无力改变、无法可施的事情，徒劳无益的挣扎或许只会令事情往更糟的方向发展，甚至将自己弄得遍体鳞伤。既然人力不可改变，不如顺其自然，让事情按照其本身的规律去发展，说不定会有意外的惊喜。

有一首很美的小诗叫作《随遇而安，随性而求》：

“幸福 / 就像一只蝴蝶 / 当我们刻意追求的时候 / 它总是飞来飞去 / 欲捉不能 / 欲罢难休 / 静下来 / 安享当下的拥有 / 该做的用心去做 / 该止的忍痛去止 / 随遇而安 / 随性而求 / 在知足之上 / 行进取之心 / 静静地 / 静静地 / 蝴蝶就会落在我们身上。”

有一个女孩生下来一只脚就是跛的，从小她受到很多小朋友的嘲笑。她很不服气，为了证明自己并不比任何人差，她决心爬上家乡那座最高的山峰，以此向世人证明别人能做到的，她也一定可以。

于是她开始了艰难的历程。由于这是一座荒山，没有上山的路，于是她便自己开路。披荆斩棘、千辛万苦之后，她终于开辟出一条小路。但路有了，并不是一切就都顺利了，经过几番尝试，她依然一次次失败。家人劝她，朋友劝她，但她都不为所动，只想一心攀上高峰。最后一次，她总结了之前所有失败的经验，并做好了一切准备，本以为这一次一定是万无一失，不料就在她快要攀上山顶时，突然刮起一阵大风，她失足从山坡上滚下来，虽然性命保住了，但另一只脚却也跛了。

当她意识到自己可能再也攀不上那座高峰时，绝望攫住了她的心灵。她觉得人生到了尽头，再也没有什么能证明自己的了，于是她开始绝食，只想尽快结束自己的生命。

这时，村里来了一位高僧，家人请他来开导这个倔强的女孩。高僧问她：“你为什么非要攀上山顶？”“我要向世人证明自己，我要实现自己的人生价值。”

“人生是属于自己的，你不需要向任何人证明；况且人生的价值并不一定只有上山一条路可以实现。上不了山，就站在山脚下，你会发现人生一样可以很美丽。”

高僧的话令女孩恍然大悟，是啊，自己没有攀上山顶的能力，却非要豁出性命去攀登，最后非但享受不到胜利的喜悦，反而让自己受伤。峰顶的风光固然美丽，但山脚也有自己的魅力，安于现状、随遇而安，未尝不能实现自己的人生价值。

于是她四方奔波，引资在山脚下办了一个风景区，并且大获成功。

女人或许没有改变环境的能力，但一定要有适应环境的能力。女孩想攀上山峰，就是想证明自己的人生价值。然而如果一种方式超出了自己的能力范围，那么不如换一种方式随遇而安，或许会有更大的收获。

处世也好，为人也好，凡事不可强求，佛学认为世间一切都应“万事皆缘、随遇而安”，就是主张人们应该顺应事物的内在规律，随着天定的因缘来对待一切事情，不可一意孤行、恣意妄为。假如客观条件不够成熟，那么无论主观上如何努力，都不足以成大事。女人要满足自身所处的现实环境，不要好高骛远、虚荣攀比，安于现实，方能快乐度过一生。反之，如果对现状总是心怀不满，这山望着那山高，整天牢骚满腹、愤世嫉俗，最终反而害人害己。

有一句话说得很好：“假如你是铁砧，静静地支住自己；假如你是铁锤，尽情地发挥自己。”女人也是如此，无论身处什么境地，都要尽心尽力地扮演好你的角色，尽好你的本分，既来之，则安之，才能在起伏跌宕的生活中守住心灵的一方净土，安然自得。

女人要明白放弃就是得到

有人曾经说过：“聪明的放弃是人生最难掌握的智慧。”的确，有时人生需要坚持，因为坚持方能守得云开；但有时人生又需要放弃，因为放弃才能柳暗花明。“放弃”和“得到”虽是一组反义词，但是在人生的字典中，有时它们却会并肩而行。现实世界永远都是这么奇妙。

举一个很简单的例子：假如你现在有 5 个苹果，那么即便你将 5 个苹果全都吃下去，你也只是吃到了一种水果；如果你愿意和其他人交换，放弃其中的 4 个苹果，去和另外 4 人换葡萄、梨、桃子和香蕉，那么现在你就得到了 5 种水果。放弃的同时，你得到的更多、更丰富。然而你所得到的或许还远远不止这些，你会有意外的惊喜——得到其他 4 人的友谊，这比区区的 4 个苹果的价值要大得多、重要得多。

女人在生活中，总是渴望得到更多、占有更多，认为只有得到才是幸福，而放弃则必定就是痛苦。让我们看看俞敏洪在博客《留白天地宽》中是如何说的吧：“留白天地宽，让我们为自己留出足够的时间和天地，放弃一些我们自以为绝对不能放弃的东西。对生命本身而言，很多执着实在是毫无意义的。当我们的生命充满了无谓的执着，生活就会陷入没有星星和月亮的黑夜，黑得伸手不见五指，黑得我们看不见生命的方向。这样的生活对我们又有什么意义呢？”

“留白天地宽”，多么好的一句话，蕴含着多么丰富的人生哲理。绘画大师从来都不会将自己的作品全部用墨迹涂满，人生就像一张宣纸，如果你想将自认为的美好涂抹满一整张纸的话，那么这必定会是一张不堪入目的废纸。所以女人要学会选择，也要学会舍弃。舍弃生命中的细枝末节，人生才会变得从容生动，简约传神。

放弃不一定就是失去：放弃虚名，你得到的是真实；放弃情人，你得到的是家庭；放弃权位和金钱，你得到的是心灵的平静和淡泊；放弃过去的伤痛，你得到新生的喜悦；放弃曾经的成功，你会迎来新的辉煌……“得”与“失”并不总是对立，爱情、生活、事业，都要学会该放弃时就放弃，固执地坚守错误，你就永远无法走对人生的方向。

所以，女人要在不断的选择和放弃中成长，学会放弃那些你应该放弃的东西，你就会成为生活的智者。

不攀比，女人不可能事事争先

嫉妒或许是人类感情中最为可怕的一种，尤其对于某些女人来说，因为虚荣、嫉妒、看不得别人比自己强，于是便会心生嫉妒。嫉妒像一把熊熊燃烧的大火，在给别人造成伤害的同时，必然焚烧的是自己的内心。

好强的女人容易产生嫉妒之心，因为她们总想事事争先，总想压过别人一头。假如别人比自己强，就会失落、痛苦、愤怒，乃至仇恨。女人因为嫉妒而常常会夜不能寐、暴躁易怒，无论做什么都无法让自己快乐起来。嫉妒就像一剂毒药，不但毁坏女人的健康，更会腐蚀女人的心灵。很多女人因为嫉妒而做出过伤人伤己的事情，最后甚至因此而身陷囹圄、丢掉性命。

被嫉妒之火焚烧的女人是可怕的，可怕得甚至令你难以想象。有这样一则故事：一个女人总想比自己的邻居强，因而想方设法见到了上帝。上帝经不起她的软磨硬泡，答应实现她的任何一个愿望，但前提是她的邻居将会得到她愿望的双倍。女人一开始很高兴，但转念一想：“假如我要一箱珠宝，那么邻居就会得到两箱；假如我要美貌，那么她就会比我漂亮两倍；假如我要一个帅气又有钱的老公，那么她就能找到一个更帅气、更有钱的老公……不行，我绝对不能输给她！”最后，这个女人咬牙切齿地对上帝提了一个要求：“请挖掉我的一只眼睛！”

故事以悲剧收场，嫉妒就像抱在怀里的炸药包，顷刻间令双方灰飞烟灭。其实女人这是何苦呢？世上“第一”只有一个，你又何必事事争先？把心胸放宽一点，心性放淡一些，不与他人争先，不做无谓的比较，自在生活、自得其乐，不是更好吗？

清朝雍正年间有个武术高手名叫白泰官，他武艺高强，但为人心胸却十分狭窄，尤其看不得别人比他强。

白泰官痴迷武术，新婚不久便离开了家乡，四海云游去了。他四方学艺，与人切磋交流，待到他回到家乡时，已经过去了八九年。

还未进村，白泰官看见村口一片开阔的场地上有个八九岁大的孩子正在练武，不由停住了脚步。只见那孩子一招一式练得有板有眼，而且骨骼清奇，是个练武奇才，日后必定武艺非凡。在一旁观看的白泰官越看心中越惊：这孩子小小年纪，在武术上已经造诣不浅，日后必定会超过自己，那么自己在这方圆数百里武功第一的名号就难保了。“不行！”白泰官恶向胆边生，“趁这孩子羽翼未丰时除掉他，免留后患！”

他打定主意，故意上前寻衅，孩子哪里知道他的险恶用心，两人言语不和，便动起手来。可怜那孩子虽然身手不凡，但毕竟年幼，没多久便被白泰官一掌击中心口，嘴中吐出大口鲜血，眼见是活不成了。

那孩子强撑着抬起头，盯着白泰官，咬牙切齿地说：“等我爹爹白泰官回来，一定会为我报仇的！”说完便咽了气。

孩子的最后一句话如同五雷轰顶，将白泰官打入了十八层地狱。原来他因嫉妒而打死的竟然是自己的孩子！

白泰官的悲剧令人唏嘘，然而现实生活中这样的悲剧比比皆是，其起因正是因为嫉妒之心，无法忍受别人比自己强，看不得别人比自己好。然而世界之大，人的能力总是有限的，你又怎可能事事比别人强、处处超越别人？嫉妒、生气、烦恼，伤的只是自己，那又是何苦来哉？

女人要知足，不要事事与别人攀比，凡事若有了比较、计较之心，就会导致心理上的不平衡，就会产生烦恼。有的女人喜欢用“有压力才有动力”这样的话来鼓励自己竞争，有上进心自然是好的，但也要适可而止、量力而行。如果不顾自身能力的限制、不顾客观实际，只是一味逞强的话，就会徒增烦恼，令自己痛苦。

所以，不要强求我们无能为力的事，即便屈居第二、第三，也要让自己笑得明朗、笑得灿烂。人生不是用来攀比的，明白这个道理的女人一定能活得轻松自在、风淡云轻。

第 16 章
做一个如诗的女子，在逆商中打造人生意境

一位艺术家说：“你不能延长生命的长度，但你可以扩展它的宽度；你不能改变天气，但你可以左右自己的心情；你不可以控制环境，但你可以调整自己的心态。”佛说：物随心转，境由心造，烦恼皆由心生。可以说，一个健全的心态比一百种智慧更有力量。

接受生活赐予的麻烦

当命运给予我们这样或那样的磨难时，我们需要微笑接受，这样才能积聚全身的正能量。生活因充满各种各样的麻烦才变得多姿多彩，或许，我们都不喜欢生活赐予自己的麻烦，但当它与自己不期而遇的时候，你不要逃避或转向，因为麻烦是一个魔鬼，一旦看上你，就会对你穷追猛打、不舍不弃。而那些不接受生活赐予麻烦的人，只会被麻烦纠缠得更悲惨。生活中，我们要学会笑纳命运赐予的磨难，缔造不一样的人生。

曾经有人说："成功的人生是痛苦与失败的交织，是磨难与顺利的交替。"如果你害怕生活中会出现麻烦，那你就会永远丧失拥抱成功的机会。卓越的人生是从卓越的目标开始的，卓越目标的背后必然充满了麻烦。经受了那些麻烦的打搅和坎坷的摔打，我们追求成功的意志才能变得坚定，可以说，历练是人生不可多得的宝贵财富，拥有了这笔财富，再多的麻烦都能解决，没有什么麻烦可以把人吓倒。当我们解决了那些麻烦之后，方能缔造不一样的人生。

在生活中，总有这样或那样的麻烦出现，这会给我们的心灵带来巨大的压力，许多人会因为这些压力而变得一蹶不振，甚至会因此而失去生活的勇气。其实，许多麻烦并不像我们想象的那么严重，面对这些狂风暴雨，假如我们尝试对自己说"不要紧"，接纳那些生活赐予的麻烦，那我们就会缔造出无比灿烂的人生。

当生活的麻烦找到我们时，我们应该记住，除了接受这些麻烦，努力去解决这些麻烦，别无他法。而且，没有人能够帮助你，如果你总是与麻烦较真儿，希望自己能获得别人的帮助，那你未免太天真了。

1. 对自己说“不要紧”

在生活中，我们每时每刻都可能遇到麻烦。其实，不要小看那些麻烦，它们是生活赐予我们的宝贵财富，如果我们固执于此，纠结、沉溺在痛苦之中，我们只会更加烦恼。不如对自己说：“没关系，不要紧，风雨之后，肯定会有彩虹。”这样想来，那些麻烦还能算什么呢？

2. 不要为生活的琐事较真儿

相比人生的挫折，生活中那些小麻烦根本算不了什么。如果我们总是为生活的琐事而较真儿，那无疑是自我折磨。学会接受生活赐予的麻烦，通过解决这些麻烦，领悟生活的真谛，缔造斑斓的人生。

其实，每个人都有解决麻烦的能力，许多人之所以解决不了人生中或大或小的麻烦，那是因为他们没有接纳麻烦的良好心态，以致无法缔造绚丽的人生。

选择快乐，困难将会烟消云散

面对困难，不同的人有不同的感受：敢于冒险、意志坚强、心态乐观的人越是遭遇挫折，表现得越坚强；而内心畏惧、怯于冒险的人，当遭受困难时，却表现得越来越怯弱，似乎困难变得更大了。前者在困难的打磨下，正能量会越积越多，而后者则会不断地被负能量所包围。《哈里·波特》的作者 J.K. 罗琳在接受哈佛大学荣誉博士学位的演讲时说：“人们有一个共识，那就是人可以从挫折中变得聪明且强大，这句话意味着人从此对自己的生存能力有了更好的把握。如果没有苦难来考验你，那么你从来都不会真正懂得自己，懂得你处理各种关系的力量有多大。”其实，在这种情况下，困难并没有改变，而是我们自己不敢冒险，被眼前的困难吓倒了，才会在主观上夸大困难的程度。生活中，我们要敢于冒险，而不是被眼前的困难吓倒，经过不断尝试，你会发现，困难是可以被战胜的。

其实，困难好比一头猛兽，它欺软怕硬，你内心越是畏惧它，它就越发强大；相反，你越不把它放在眼里，敢于去冒险，它就越对你表示恭顺。在生活中，困难只会对那些内心畏惧的人耀武扬威，内心畏惧者在困难面前只有落荒而逃。

尼采说：“当我们勇敢的时候，我们并不如此想，我们一点也不认为自己是勇敢的。”有时候，不敢冒险是源于我们总是不断地逃避问题，那些怯弱而胆小的人通常都是这样。其实，当我们尝试着大胆迈出第一步，让自己的内心变得强大时，我们会惊讶地发现，再大的困难也不过如此。

在成功的道路上总会遇到很多困难，假如轻言放弃、半途而废，连最基本的事情都没有完成，见到困难就畏首畏尾，那必然与成功擦肩而过。因此，成功是不畏艰难、克服一切困难、名垂青史、为人崇拜的英雄和伟人，一生经历很多磨难，遇到无数常人无法想象的坎坷。假如没有坚定不移的信念与坚持不懈的努力，成功者就很难实现成功。

1. 困难是一头猛兽

有人说：“困难是一头欺软怕硬的猛兽，你越是畏惧它，它就越威吓你；你越不把它放在眼里，它越对你表示恭顺。”因此，面对困难，强者容易变得坚强，而弱者容易变得更软弱。对于我们来说，每个人都能够深深地体会到挫折、苦难，但是，只要我们不畏惧困难，也不相信眼泪，只拥有汗水与坚韧，敢于冒险，就一定会战胜困难。

2. 不要选择胆小与畏惧，而是选择快乐地迎接

在困难面前，每个人都会本能地产生一种畏惧，总担心自己战胜不了，

以致自己尚未正式与困难交锋，就被困难吓倒了。这样的人其实是在较真自己的胆小与畏惧，在更多的时候，困难不过是一道门槛，只要我们勇敢地尝试，克服内心的胆怯，大胆去冒险，即便再高的门槛也可以轻松地跨越。

女人不要畏惧眼前的困难，不要被自己遭遇的挫折吓倒，而是选择快乐，打起精神，重新振作起来，在哪里跌倒就在哪里爬起来。不管怎么样，我们只要努力地思考，努力地工作，不断地调整自己的心态，及时地总结积累经验，那过去的挫折就是你将来获得更大成功的财富，不要让这些财富从自己的手中溜走，这样成功离你并不遥远。

生活中可能会遇到很多困难，只要不被眼前的困难吓倒，就有实现梦想的可能。不要在没有行动前就放弃，只要有坚定的信念，相信自己，战胜一个又一个困难。或许，成功并没有我们想象的那么遥远。

别让心的颜色影响生活的颜色

爱默生曾说：“一个人如果缺乏了热情，那是不可能有所建树的。热情像糨糊一样，可让你在艰难困苦的场合里紧紧地粘在这里，坚持到底，它是在别人说你‘不行’时，发自内心的有力声音——‘我行’。”在这个世界上，没有糟糕的环境，只有糟糕的心境。一个人若拥有了糟糕的心境，即使处于顺利的环境中，他也会感觉到苦闷；一个人若是拥有一份热忱、乐观的心境，那么，不管他处于多么恶劣的环境，他依然可以过得快乐、幸福。其实，那些心中充满抱怨的人，他们是自己跟自己较劲，既没有办法接受，又失去了改变的能力，从一定程度上说，他们是可怜的。即使自己的处境很糟糕又怎样，抱怨能改变什么呢？既然不能改变环境，何不改变自己的心境呢？

亚伯拉罕·林肯在一次竞选参议员失败后这样说道："此路艰辛而泥泞，我一只脚滑了一下，另一只脚也因而站不稳；但我缓口气，告诉自己'这不过是滑一跤，并不是死去而爬不起来'。"其实，阻碍我们前行的并不是糟糕的环境，而是我们那早已发霉的糟糕心境。拥有良好的心态，能够持之以恒地走下去，直到拥抱成功。

确实，我们改变不了这个世界上的很多东西，不过我们可以改变自己，给自己加重，这样我们就可以适应变化，不被打败。著名文学家托尔斯泰曾说过，"世界上只有两种人：一种是观望者，一种是行动者。大多数人想改变这个世界，但没有想改变自己。"有时候，心境的颜色可以影响世界的颜色。想要改变现状，就要改变自己；要改变自己，就得改变自己的观念。人若不能改变环境，就要改变自己的心境。

当你感到苦闷或烦躁的时候，不妨试着回想一下，那苦闷、烦躁的根源是否缘于自己糟糕的心境呢？如果答案是肯定的，那么，尝试改变自己的心态，放弃糟糕的心境，重新以乐观积极的心态面对，再来看待自己的处境，你会惊讶地发现，此时的处境似乎没有想象中那么糟糕。

保持积极心态，变不幸为幸运

哲人说："处于不幸中，垂头丧气显然于事无补，我们要做的，除了坦然面对之外，能改变的，只有自己的心。"当生活的不幸来临的时候，积极的心态是一个人战胜一切艰难困苦、走向成功的助推器。内心不败，人就不会败。积极的心态，能激发人们的所有正能量和聪明才智，而消极的心态，就好似蜘蛛网缠住昆虫的翅膀一样，不断地束缚人们才华的施展。在不幸面前，有的人越过越好，而有的人却从此一蹶不振，其实，这两者的区别在于心态的差异：前者所拥有的是积极的心态，而后者却拥有消极的心态。当然，心态是个人的选择，拥有积极心态的人往往处于不败之中，一个人若是拥有积极乐观的心态，那么，战胜不幸对于他来说就很容易了。

积极的心态会使人看到希望，保持进取的旺盛斗志，激发出人所有的正能量。消极的心态使人沮丧、失望，限制和扼杀个人的潜能，只会带来毁灭的负能量。积极的心态创造人生，消极的心态毁灭人生。

西部“牛仔大王”李维斯的西部发迹史充满坎坷，充满传奇。他的制胜“法宝”是：每当受到挫折，遭受打击时，绝不抱怨，并且非常兴奋地对自己说：“太棒了！这样的事竟然发生在我的身上，又给了我一次成长的机会。”

人生路漫漫，对于我们每个人来说，生活和事业不可能一帆风顺，常常会遇到各种困难和挫折，我们必须永远保持乐观心态，才能战胜逆境获得成功。在面对不幸的事情时，只要我们保持乐观积极的心态，那一切不幸都会变成幸运。

在遭遇不幸的时候，选择了积极心态，就等于选择了成功；选择了消极心态，就注定了失败。如果你想摆脱不幸，就必须摒弃扼杀潜能、摧毁希望的消极心态。

不能改变事实，那就改变心情

尽管我们没办法左右天气的阴晴，没办法改变事情的结局，不过心情却是我们自己的，我们要学会掌控它，学会做心情的主人。既然事实是无法改变的，那就坦然地面对，当我们的内心时刻充满阳光，生活的快乐之花就永远不会枯萎。实际上，人生的际遇就好像天气一样，总是变幻莫测，而我们的心情也免不了随着事态的变化而阴晴不定。既然天气的阴晴是由不得我们的，又何必自寻烦恼呢？不妨学着改变心情，相信没有躲不过的坏天气，也没有挨不过去的严冬。

乐观者在灾祸中看到机会，悲观者在机会中看到灾祸。乐观的人，不管生活中遭遇什么，都会微笑面对，坦然接受，所以生活总是幸福的；而悲观的人，不管什么时候，总是看到事情坏的一面，思想消极，每天都活在不安与忧郁之中。其实，人生变幻莫测，不顺利的事情太多了：下雨没带伞，堵车结果上班迟到，工作很努力但不被老板重视，等等。这些烦恼既然不能避免，那何不用乐观的态度来看待人生，保持乐观的心情呢？

俄国诗人普希金曾说："假如生活欺骗了你，不要悲伤，不要心急，忧郁的日子里需要镇静，相信吧，快乐的日子将会来临。"生命原本就是多姿多彩的，狂风暴雨只是生命中的一部分，重要的是看你以什么样的心情来看待它。假如我们用微笑来面对生活中的坏天气，那即便在寒冷的冬天也会感到生活的温暖，即便在漆黑的午夜也会看到希望的曙光。就算在乌云密布的天气里，只要我们尝试改变自己的心情，就会看到灿烂阳光，迎接自己的将是鸟语花香。

苏珊去找心理医生咨询，她童年的阴影，让她觉得自己生活在一片黑暗之中，看不见未来。医生让苏珊讲述一下自己的童年，于是她说道："我在贫困的家庭中长大，是家中的长女，下面还有几个弟弟妹妹，父母经常因为拮据的生活而争吵、打闹，长年累月，让我感到很恐惧、很孤独。高中毕业后我就步入社会工作，想尽早挣钱，让家人过上好日子。然而，这些年忙碌地奔波和埋头苦干让自己没有朋友也没有快乐，一想到未知的将来就感觉好痛苦，心里有一种说不出的苦闷。"

医生询问："那么现在你再来说说你希望成为哪种动物。"苏珊毫不犹豫地说："我想做海里的一条鱼。"说着脸上还露出一丝笑容。

医生接着说："假设现在我们在大海深处，你是一条快乐的鱼，大海就是你的家，长大的你离开了养育你的家，你从此就要开始独自拼搏了，你每天早早地起床，在海里搜寻着食物，当别的小鱼都在玩耍嬉戏的时候，你还是不知疲倦地忙碌着，有时你会感觉伤心，为什么要独自承受一个家的责任，直到有一天，你收到了一封来自妈妈的信：

孩子，爸爸妈妈很想念你，知道你一个人在外面很努力，就是为了能让我们过上好日子。但是，孩子你知道吗？其实看到你这个样子我们很心痛，你不开心，你那么辛苦，我们又怎么能开心呢？你不需要把全家的重担都压在自己身上，那并不是你的责任，而是我们自己的责任。孩子，妈妈希望你能从我们的阴影中走出来，去过属于你自己的人生。

当小鱼读完这封信的时候，眼泪已经流了下来，一瞬间，所有的不快乐，所有的心酸，都在这一刻得到了释放。不知不觉间，小鱼抱着妈妈写的那封信睡着了，睡得那么安心、那么香甜。当它第二天醒来的时候，发现外面的阳光特别灿烂，海水比以往任何一天都清澈，它的内心十分轻松，它笑了，美好的未来正在向自己招手呢！”

以外界的不顺作为自己心情不好的借口，这是典型的消极悲观主义。假如你一直让消极的心态占据心灵，那就算你中了500万元的彩票，也会忧心忡忡，或许你会一直担心有人在窥视你的钱财。实际上，事情的好坏并非全部由事情本身决定，而是由你面对事情时的态度所决定。换个角度想想，结果往往令自己大吃一惊。假如你换个角度去观察和思考问题，那我们就可以多拥有一些智慧和明达，那些低逆商的人总是抱怨生活怎样对待自己，他们从来不会思考自己对待生活的方式究竟有什么不对。当我们认为挫折是一种折磨的时候，为什么不换个角度思考一下呢？也许这是上天在考验我们的毅力，它会指引我们走向成功呢！

快乐心情靠自己去寻觅，用快乐调节生活，生活就快乐。假如你想快乐地生活，就要学会享受和体验未来生活的美好，不妨换个心情，换个角度思考生活，多进行自我安慰，这才是我们面对生活的正确态度。

遇不如意之事，也不要总往坏处想

我们常说的一句话是“万事如意”，这样的祝愿总是美好的，一如人们的希望、期望和憧憬，一如人们的理想、幻想和梦想。不过，在现实生活中，每个人的生活却不可能事事顺心、事事如意。在人生的旅途中，我们每个人必须面对的是健康、婚姻、家庭、事业、声誉、金钱、权势。人们总希望身体健康，少生病，不生病；希望长命百岁，永远年轻、漂亮、潇洒；希望读一所好大学，找一份好工作，最好是事业有成、飞黄腾达；希望赚很多钱，过上锦衣玉食的日子；希望有一段美好的姻缘，组建个温馨的家庭，孩子聪明可爱，老公温柔体贴。然而，这只是“希望”，现实往往事与愿违，俗话说“人生不如意十之八九”，我们常常是那不如意之人。

人生不如意何止十之八九，对这一切上天赐予的灾难，我们该怎么应对呢？心态，好的心态，简单地说，就是看得开，这是一种乐观的生活态度。大仲马曾说：“人生由一串串烦恼的念珠组成，乐观的人是笑着数完它的。”人生充满了各种不如意，挫折与困难随处可见，是积极地应对还是消极地承受，完全取决于你的心态。

我们应该记住，那些不如意之事只是人生的一部分。在生活中，我们每个人都会面临各种各样的烦恼：工作上杂乱的琐事，身体上偶然出现的疾病，感情上的磕磕碰碰，等等。面对这些不如意时，我们总是惊慌失措，想逃避，想躲到没人的地方偷偷疗伤。然而，烦恼却如影相随，让人无法彻底甩掉。生活中的不如意一个接一个，按下了葫芦却浮起了瓢，烦恼与快乐本是孪生姐妹，只不过当快乐到来时，我们不会厌恶而已。但是，假如遇到不如意之事，我们也能像某些乐观的人一样看开，让所有的烦恼都成为自己人生中的一部分，以豁达、从容的心态对待，那事事皆会如意。

为了生存，为了活得更好，面对人生不如意之事，我们要看得开。看得开是对人生中所遇灾难与伤害做出的最大避让，是一种心理承受力的体现。然而，看得开并不是消极地回避：人活一世，草木一秋，生不带来，死不带去，及时行乐，这是随波逐流；是非成败转头空，纵使大富大贵也难免一死，成功与平庸到头来都是一样，这是不思进取；自己反正是不成材的料，再努力也是为他人做嫁衣，这是破罐子破摔。

即便遇到不如意之事，我们也要看得开，这是善良的本性、博大的胸怀、开阔的视野、沉着应对的能力，人生需要阳光心境，这样我们才能使艰辛的路上有一缕温馨的阳光，才能使艰苦的人生旅途充满快乐。

第 17 章
做一个如歌的女子，在困境中让人生更嘹亮

逃避逆境的低逆商女人常常向往那种得过且过的生活，她们会说："这就足够了。"她们找到一些堂而皇之的借口放弃了梦想，放弃了追求，选择了自认为是一条平坦、较轻松的人生道路。殊不知，随着时间的流逝，她们将付出更大的代价，将会遭遇更大的逆境。对此，女人需要培养自己的逆商，让自己的人生更加明亮。

任何失意情绪都在控制之内

吕坤在《呻吟语》中这样写道：在遭遇困难的时候，内心却居于安乐；在地位贫贱的时候，内心却居于高贵；在受冤屈而不得伸的时候，内心却居于广大宽敞，就会无往而不泰然处之。把康庄大道视为山谷深渊，把强壮健康视为疾病缠身，把平安无事视为不测之祸，那么你在哪里都不会不安稳。人生中的失意只是暂时的，这是上天为了更多地考验我们，只要熬过失意的痛苦与疲惫，我们就可以重新扬起生活的风帆。在生活中，一些人一旦遇到了不如意之事，就觉得自己倒霉了，走到人生的绝路了，他们开始自暴自弃，甘愿被失败打败，最终成了一个彻头彻尾的失败者。其实，这些人是被失意的情绪蒙蔽了眼睛，他们浑然忘记了明天的太阳还会升起，他们终日沉浸在失意的痛苦中，最后被这痛苦所吞噬。

失意的情绪是折磨人的：低落、痛苦、沮丧。稍有不慎，我们就会被这样的情绪牵着鼻子走，在失意的情绪中自暴自弃，把自己逼上绝望的悬崖，最终毁灭。生活中我们遭遇失败，产生失意的情绪是难以避免的，但是，假如我们一味沉浸其中，甚至被其蒙蔽了双眼，那失意就会如影相随。假如我们换个角度，或者看看周围，努力摆脱这种负面情绪的困扰，那我们最终会成为一个得意者。

王太太是一位视豆子为自己生存意义的人，不过在她大儿子上小学三年级，小儿子上小学一年级的时候，灾难突然降临她家里。丈夫因交通事故死亡，而且还被法庭判成了肇事者，为此，她只得卖掉房子和土地作为赔偿。

最后王太太带着两个孩子背井离乡，到处流浪，为了维持生计，王太太每天很早就离开家，先后去几处打零工，等回到家时已经是半夜了。于是家务的担子就落在了大儿子身上，生活非常艰苦，王太太哪忍心让孩子受这样的煎熬呢？她想到了死，想把两个孤独无依的孩子也带走。

有一天，王太太泡了一锅豆子，早上出门前，她留给大儿子一张字条："锅里泡着豆子，把它煮一下，晚上当菜吃，豆子烂时少放点酱油。"

这天，王太太干了一天的活儿，实在太累了，失去了活下去的勇气，她偷偷买了一包安眠药带回家，打算当天晚上和孩子们一起离开人世。回到家，她打开房门，见两个孩子已经睡了，在枕边放着一张字条："妈妈，我照您的话去做，认真地煮了豆子。不过，晚上盛出来给弟弟当菜吃的时候，弟弟说太咸了，没法吃，他只吃了点冷水泡饭就睡觉了。妈妈，实在对不起。不过，请妈妈相信我，我确实是认真煮豆子的。妈妈求求您，尝一颗我煮的豆子吧。妈妈，明天早上不论您起得多早，都要在您临走前叫醒我，再教我一次煮豆子的方法。妈妈，您今天一定很累吧，我心里明白，妈妈是在为我们操劳。妈妈，谢谢您，不过请妈妈一定要注意自己的身体，我们先睡了，晚安！"泪水从王太太的脸颊滑落，她看着熟睡的孩子，毅然放下了轻生的念头，因为她还有许多东西支撑自己活下去。

失意时人们总想着放弃，他们被一时的痛苦所蒙蔽，浑然看不见人生中如花般的美好。王太太所遭受的打击是致命的，一个弱女子，还带着两个年幼的孩子，如何活下去？失意的她看不到希望，也等不到谁来帮助自己，唯有靠自己。假使心态稍有偏差，她就会轻生。然而，正是孩子那几句乖巧而懂事的话，让她看到了活下去的希望：孩子这么小，都在坚强地伴我生活，而我当然更应该承担起作为妈妈的责任，积极向上，努力活着。

世界上的每个人，都会经历不同程度的困境。困境是人生命中的一部分，因困境产生的失意情绪也是不可避免的，那么在失意中是沉沦还是崛起，全在于我们心中是否时刻充满着希望。

当困难与挫折来临时，应平静面对，不要被失意的情绪蒙蔽了双眼，积极乐观地去处理，只要我们心怀希望，就有了战胜困难的勇气。

女人越努力，就越有好运

女人要相信：越努力，越幸福。在失意时要学会安慰自己：车到山前必有路，桥到船头自然直。即便要放弃，只需要一点点希望，即便前面是火坑，也做好准备跳过去，毕竟，没带伞的孩子要时刻准备在雨中奔跑。不管事情多么糟糕都要坚信：越努力，越幸福！这是一个努力就会有收获的年代，越是努力的人，爬得越高，走得越远，因为成功者的快乐往往要以痛苦的付出来换取，正所谓“天将降大任于斯人也，必先苦其心志，劳其筋骨……”，华人首富李嘉诚在创业过程中曾几次面临破产危机，爱迪生发明灯泡，失败了上千次，受到了无数的嘲笑、责难，不过他们都凭着坚强的意志，努力坚持，赢得了最后的成功。

一个女人要想干一番事业，同样需要付出努力，努力之后才能赢得成功。一个人做一点事并不困难，难的是持之以恒做下去，假如一直努力认真而永不放弃，那么最后，成功一定属于她。一个女人的决心，就好像燃烧的爱一样，是一样可以打动很多人的无穷力量。只有为了目标而付出辛勤汗水的人才能赢得成功，奋斗的信念会让人勇往直前，不努力的人永远一事无成。

小乐是一个努力的女人，由于家庭经济困难，她高中毕业后就跟邻居大姐一起去日本“淘金”了，不过到了地方才发现招工的职位却是勤杂工，专门负责洗盘子，而且店主要求每个盘子至少洗 7 遍才可以，少一道工序都不行。于是小乐和大姐开始洗盘子，不过很快大姐发现洗 3 遍的效果也一样，盘子洗3遍就很干净了，于是大姐偷工取巧，没几天店主就发现了大姐的偷懒行为，就把她辞退了。小乐一直都勤勤恳恳地工作，对于任何工作都不会打折扣，当然，小乐的辛勤付出在一年后有了回报，她被批准进入厨房帮忙做日本料理，她在学习制作料理的同时还不忘学习日语，下班后的大部分时间都用来学习日语。当厨师长知道小乐这样努力之后，便开始提拔她，并将自己研究日本料理的一部分技术传授给她。

经过两年努力，小乐凭借自己的勤奋和对日本料理的熟悉，被调入后厨负责做料理。在后厨工作近一年时间里，小乐基本上掌握了日本料理的做法，同时她的勤奋也被老板看在眼里，那一年小乐被提拔为料理店的前厅经理。慢慢地，这家料理店在日本小有名气，而小乐的勤劳与管理经验也得到了同行的认可，于是其他料理店不断请她过去工作，其中有家料理店竟提供给她毛利润10%的提成与高薪的待遇，当时她的工作和其他料理店所提供的优厚条件有着几倍的差距。随着经验和资金的不断积累，小乐已经有了属于自己的料理连锁店，而且生意越来越红火。

只要努力就会有回报。女人要注意培养自己的终身“学习”能力，只要拥有这种终身“学习”的能力，不断增加自己的知识储备，优化自己的知识结构，就能在激烈的竞争中保持优势地位，才不会被社会所淘汰。

女人越努力，知识倍增；越勤劳，一夜安眠；越奋斗，幸福长久。越是努力的女人，才会越来越好运，才会更容易赢得成功。

幸福女人从来不惧怕失败

俗话说：“天下无难事，只怕有心人。”女人要学会独立地去完成一件事情，这样才会被身边人所赏识。在做一件事情的过程中，或许会有一些困难，但是只要你下定决心，那么就没有你做不到的事情。聪明的女人总是在上司吩咐任务的时候，不会有畏难情绪，她们永远会把那些艰巨的任务应承下来，然后再去想解决的办法。如果你一开始就拒绝了，那么你就永远没有机会获得成功。有些事情，虽然充满了挑战，但却是可以做到的。所以，女人要记住，只要自己有决心，就没有做不到的事情。

无论面对的事情难度有多大，都要相信自己能够完成。从现在开始，做事情之前不要暗示自己会失败，你可以设想自己成功的情景，不停地告诉自己“一定能成功”，同时下定决心“一定要做好”。拥有积极的心态，就一定能把每一件事都做好。不要总是在困难还未降临时就逃跑，这样会让你永远失去成功的机会。做任何事情，不要逃避，不要拖拖拉拉，只要你有决心，就没有做不到的事情。只要你有决心，就一定能够成功，就会受到大家的欢迎，就会在人生旅途中无往不胜。

在这个处处对男性有利的社会里，女性就要学会用自己的决心来让别人对你刮目相看。为了让自己与男性表现得一样出色，就需要付出双倍的努力。女人，千万不要为自己贴上弱者的标签，那样只会让你一次又一次地与成功失之交臂。女人，拿出自己的信心，相信自己一定能够做得很好。无论做任何事情，都要有决心，那才是你战胜自己的秘诀。只要你下定了决心，就要努力去做，不要为自己的偷懒找借口，否则就是你暗中破坏自己成功的机会。不要给别人留下一个“花瓶”的印象，这样你的生活只会充满痛苦。其实有时候，是我们自己心中的畏难情绪，夸大了事情的难度，从而产生“自己不行”的思想。

一件事情，能否做好它，并不在于它本身有多难，而在于你有没有去做的决心。无论事情困难与否，都要相信自己一定能够完成。

在逆境中做一只泥鳅

如果你漫步于田野，就会看见秧田里、河沟里、水池里到处是泥鳅，它们总是生活在淤泥中，只需要一点水，就可以生存下来。它不像鱼，一旦离开了水就会马上死去，它的生命力极其顽强。泥鳅身上有很多值得我们学习的地方，如圆滑、柔韧、适应能力等。如果你能够把泥鳅身上的这些优秀品质借鉴过来，就会在职场中游刃有余、左右逢源，备受大家的赏识和欢迎。

由于家庭的原因，她高中毕业后就放弃了继续升学的机会，在女子商学院的夜校学习。有一次，她在夜校附近吃饭的时候，看到一幕：一位客人想在饭店里暂时寄存自己的行李，但却遭到了饭馆老板的冷淡拒绝。这令她感到不解，她认为饭馆老板完全可以答应帮忙寄存行李来达到宣传自己饭店的目的，为什么他不那么做呢？

通过这件小事，她决定要在餐饮业界发展。此后，她转入烹饪学校学习。无论当时自己经济多么困难，她都坚持学习，甚至省下自己的生活费去听一堂课。1982年，她开始尝试在大学路经营一家面食店。她本着“亲切服务”的原则，这家小小的面食店很快声名大噪，从最初仅有一个灶台和五种菜品的小店发展成为远近闻名的美食店。

虽然她身处逆境，但是她没有退缩，而是一直把自己当作人生的主角。无论遇到什么困难，她都能凭着自己的力量去克服它，并且以主角的姿态演绎自己的人生剧本。很多女人在奋斗的过程中，受了一点点委屈就开始泄气，遇到一点困难，就开始逃避。其实，这时候，你需要发挥那种与逆境抗争的能力。

1. 圆滑

直到泥鳅被下锅入口了，它依然保持着自身的温润圆滑。真可谓纵然洗尽千江水，光滑依然留在身。在我们看来，圆滑是泥鳅最显著的品格。正因为它身子圆滑，所以行动敏捷，难以被捕捉，因此它的生存能力大大提高；有了圆滑，它可以自由穿梭，而不被周围的硬物所伤；有了圆滑，即使最厉害的细菌也难以侵蚀它的表面；有了圆滑，才有了环境的和谐、生命的安逸。

女人要利用自己女性的优势行走于社会中，对人用不着刻意奉承，但是你还是可以说一些赞赏的话来哄他人开心；要用自己真诚的友好打动他人，使彼此成为朋友；学会给对方一个台阶下，也为自己留一条后路。使自己能在生活中大受欢迎，那么就要拥有好人缘。女人天生就是外交官，所以利用自己的天赋，和身边的每一个人都搞好关系，那么你就可以享受环境的和谐、生命的安逸。

2. 柔韧

泥鳅浑身只有一根刺儿，而且和细腻的肉连在一起，所以造就了它的柔韧。它虽然可以弯曲但是不折，在它身上，真正体现了刚柔并济。它在毫不起眼的小水沟里，柔韧有度，伸缩自如，自由自在。

在生活中，女人既要有刚强的一面，又要有柔弱的一面。刚强，就要使自己表现得像男人一样勇敢，不要总是以弱者自居，要大胆说出自己的见解。柔弱，是为了以弱示强，取得最后的胜利。在适当的时候，女人要展示自己柔弱的一面，博取他人的怜悯，这样就会获得他人的支持。

3. 适应能力

泥鳅可以在平常的小水沟里、秧田里、水池中，只需要一点点水，哪怕是污水，也能够凭着自己顽强的生命力存活。它长时间行于水下，很少抛头露面。但是等到沧海桑田、水之将枯，所有水里的动物开始相濡以沫、哀叹末日，甚至惊慌失措、垂死挣扎的时候，泥鳅却可以深深地钻进大地，凭借自己的生存能力熬过严酷，熬过枯竭，并将自己的生命赞歌唱到永远。它在逆境中坚定的信念，它的适应能力，都是其他生物无可比拟的。

遭遇困难时，女人要敢于迎难而上，这样你才会得到上司的赏识，而成为一个处处受欢迎的聪明女人。

女人要善于书中作乐

当烦心事涌来，该怎么办呢？有的女人一头扎进书堆里，痴迷地看上一天一夜，顿时觉得酣畅淋漓，那简直比洗个热水澡还舒服。女人，要善于书中作乐，因为书本会令女人受益终身。女人不要认为完成学历教育就可以功成名就，要明白，在生活中有太多的东西需要我们去掌握，有太多东西需要我们用一生来学习。知识是无穷尽的，除了书本上的知识，还有一些生活中的知识，许多女人不知道如何与人交往，不知道如何使自己变得有魅力，不知道一些待人接物的礼节……这些你自以为已经懂得，当你需要的时候却又不知所措，而你给人的印象就是无知。成功的女人，一生都在学习中度过，她们读书的同时，还学习一些为人处世的道理，她们无论走到哪里，都会成为一道亮丽的风景线。

海伦·凯勒，美国著名的女学者，她在一岁半时就因病成为一个盲聋哑人。后来，在家庭教师沙莉文的热情关照下，她凭着自己顽强的毅力，学习了数学、自然、法语、德语，最后，以优异的成绩考取了哈佛大学女子学院。因为储备了丰富的知识，她完成了14部著作，并把自己的一生献给了盲人福利和教育世界。知识，改变了她的一生。

第一次接触知识的时候，海伦·凯勒和老师沙莉文在一起，老师带着海伦走到喷水池边，要海伦把小手放在喷水孔下，让清凉的泉水溅在海伦的手上，接着，老师在海伦的手心写下了“water”这个单词。那是海伦第一次感受到知识的力量，后来，海伦回忆说：“不知怎的，语言的秘密突然被揭开了，我终于知道水就是流过我手心的一种物质。这个单词唤醒了我的灵魂，给我以光明、希望、快乐。”

后来，海伦·凯勒进入位于马萨诸塞州的剑桥女子学校，在1900年秋季，海伦再申请进入哈佛大学拉德克利夫学院就读，这对于一个失明和失聪的女人而言，可以说令人难以置信。在哈佛学习4年之后，她以优异的成绩获得了文学学士学位，成了首位毕业于高等院校的聋哑人。

知识成就了海伦·凯勒的一生，在她获得成功之后，她没有忘记那些生活在无声世界或黑暗世界中的孩子。她用自己一生所学的知识致力于盲人福利和教育，她希望更多的盲人孩子感受到知识的快乐。对此，有人曾这样评价她：“海伦·凯勒是人类的骄傲，是我们学习的榜样，是人类善良的表现，相信她的事迹能成为后世的典范。”

时间会为读书的女人带来皱纹，却夺不去她的睿智和善良；岁月会为读书的女人带来白发，却带不走她内在的魅力和修养。时间可以带走一切，却带不走智慧女人那颗宽厚、智慧、纯真、善良而又骄傲的心，在漫漫人生旅途上，有知识的女人会走得更加从容、更加美丽。

女人要找到生活的专注力

村上春树曾说：“没有专注力的人生，就仿佛大睁着双眼却什么也看不见。”其实就是这样，当你用放大镜放大自己的感情生活，那些本来可以忽略的不堪甚至丑陋都会被一同放大。不过，假如你把这份专注力转移到其他地方，如工作、兴趣爱好、公益慈善，那结果就大不一样了。成功是建立在专注力以及尽职尽责做好日常工作的基础之上的。千万不要小看一些事情，因为它往往是成败的关键。成功者向来都是全力以赴、尽职尽责，专注于同一件事情，当他们做完这件事情之后，不论结果怎么样，首先反问自己：在做这件事情的时候，自己是否专注了？

当我们毫无保留、专注地去做一件事情的时候，结果往往是成功的。在生活中，这样的例子举不胜举。有些事情从表面上看是极其困难的，但只要我们全力以赴，不保留，不妥协，不总是想着自己还有退路，那我们最终是可以成功的。很多时候，我们之所以失败了，不是因为路途太艰难，而是我们丧失了继续前进的勇气，也就是说，我们对这件事情不够专注。

专注力不仅能让我们赢得成功，而且有助于我们转移注意力，在不知不觉间化解内心的忧郁。很多时候，是因为我们空闲的时间太多了，才会想到一些不开心的事情，只要我们修炼一种专注力，有了某种喜好，并且坚持做下去，我们就会在这个过程中将那些不开心的事情遗忘。

朗格教授喜欢打网球，年轻的时候，她不幸摔断了腿，医生说她有可能会瘸腿，再也不能打网球了。不过现在她双腿很健康，依然在打网球。30多年“可能性心理学”的实践，让这位心理学家将身体和心灵的控制权牢牢地掌握在自己手里，度过了一段非凡的岁月。

在朗格教授看来，她觉得世界上没什么东西是自己不敢尝试的，当别人对她说“不”的时候，她一定会反问“为什么不？”她50多岁开始学画画，画她的朋友和狗，她不从素描的基本技巧学起，而是让线条引导自己，关注当下的体验与愉悦，现在她的画正在纽约最有名的画廊里展出。

生活中的专注力，其实是一种很简单的实践，去留心观察新的事物，积极寻找生活的差异。不管是关于你自己的，还是关于周边环境的；不管这个新鲜事物看上去很简单，还是很聪明，只要它是新鲜的，是不一样的，就会将你置于“当下”的状态，让你对人和环境重新敏感起来，向新的可能性敞开，最终形成新的视角。

心理学家威廉·詹姆斯曾说：“我们中的绝大多数人只使用了很小的一部分潜力，只有在某种建设性的压力或某种特殊的场景下，如伟大的爱，宗教热忱，或勇气之战——人们才可能去拓展自己创造力的深度和广度，发掘沉睡在我们内心巨大的生命能量。”

永远保持积极的进取心

女人应该明白，只有不断地去超越，生活才会充满希望和乐趣。中国有句老话：“百尺竿头须进一步。”即便到了百尺竿头的顶端，赢得了很大的成就，也不能骄傲自满，而是继续努力，再接再厉，去赢得更大的胜利。不管在生活中还是工作中，只有超越自己的人才会赢得胜利。当你找到了超越目标，不论你向前进步了多少，哪怕只是一点点，只要你勇往直前，永不退缩，你就是勇者。生活中，有的人太自满，认为自己做得不错了，就适可而止了。其实，这还远远不够，不满足的是向上的车轮，即便你很优秀，也不要停止前进的脚步，因为人生是没有顶峰的。保持一颗进取心，让我们在生活中找到另一个可能的自己。

在人生的道路上，永远要保持奔跑的姿势，因为随时都有人在追赶你。美国历史上最伟大的总统罗斯福，从小就患有小儿麻痹症。像他这样一个人，通过比常人更加艰苦努力的奋斗，在美国获得广泛的人心与支持，成为美国历史上唯一一位连任四任的总统，四次实现了孩提时的梦想。他能获得如此成功，原因在于他没有停止脚步，一刻也没有停，即便自己生病了，他也没有停止向前的脚步，没有放弃进取心，因为他知道，自己不前进，就会有更多的人从自己身边跑过去。

世界石油大亨洛克菲勒在给儿子约翰的信中说：

老实说，我是一个不服输、坚持到底的人，从小我就想成为巨富。对我来说，我受雇的休伊特·塔特尔公司是一个锻炼我的能力，让我一试身手的好地方。它代理各种商品销售，拥有一座铁矿，还经营着两项让它赖以生存的技术，那就是给美国经济带来革命性变化的铁路与电报。它把我带进了妙趣横生、广阔绚烂的商业世界，让我学会了尊重数字与事实，让我看到了运输业的威力，更培养了我作为商人应具备的能力与素养。所有的这些都在我以后的经商中发挥了极大效能。可以说，没有在休伊特·塔特尔公司的历练，在事业上我或许要走很多弯路。

或许，有的女人觉得自己是平庸的，但仅仅因为此，我们就停止前进吗？我们所行走的路途，是属于自己的人生，自己不努力，谁又为你奋斗呢？生活就是这样，如果我们不努力，那么越来越多的机会就会与我们擦肩而过，我们只能被远远落在后面，眼睁睁看着别人迎接成功。

一个人若是不追求进步，他很可能被社会淘汰，被时代遗弃。成功就在远方，关键在于我们能否坚持前进的脚步，保持永不停歇的姿势，因为只有这样我们才能拥抱成功。

参考文献

[1] 戴尔·卡耐基. 淡定的女人最优雅 [M]. 北京：中国华侨出版社，2013.

[2] 美芽. 内心强大的女人最优雅 [M]. 北京：中国商业出版社，2014.